생생화보로 배우는
바다생물사전

생생화보로 배우는
바다생물사전

초판 인쇄 2025년 02월 17일
초판 발행 2025년 02월 22일

지은이 콘텐츠랩
펴낸이 진수진
펴낸곳 굿키즈북스

주소 경기도 고양시 일산서구 대산로 53
출판등록 2013년 5월 30일 제2013-000078호
전화 031-911-3416
팩스 031-911-3417

*본 도서는 무단 복제 및 전재를 법으로 금합니다.
*가격은 표지 뒷면에 표기되어 있습니다.

생생화보로 배우는 바다생물사전

차례

- **오징어** ·6
- **해파리** ·8
- **새우** ·10
- **해삼** ·12
- **바다뱀** ·14
- **홍합** ·16
- **갯지렁이** ·18
- **미역** ·20
- **권총새우** ·22
- **소라게** ·24
- **문어** ·26
- **주꾸미** ·28
- **대게** ·30
- **멍게** ·32
- **낙지** ·34
- **군소** ·36
- **꽃게** ·38
- **거북손** ·40
- **앵무조개** ·42
- **쏠배감펭** ·44
- **바다거북** ·46
- **산호** ·48
- **불가사리** ·50
- **가리비** ·52
- **폭스페이스** ·54
- **대왕조개** ·56
- **킹크랩** ·58
- **갯강구** ·60
- **사자갈기해파리** ·62
- **화살게** ·64
- **말미잘** ·66
- **전복** ·68
- **해마** ·70
- **바다맨드라미** ·72
- **리본장어** ·74
- **귀오징어** ·76
- **랍스터** ·78
- **도둑게** ·80
- **갑오징어** ·82
- **칠게** ·84
- **꼴뚜기** ·86
- **소라** ·88
- **성게** ·90
- **갯민숭달팽이** ·92
- **따개비** ·94
- **해룡** ·96
- **키조개** ·98
- **투구게** ·100
- **청자고동** ·102
- **가시면류관불가사리** ·104
- **맨티스쉬림프** ·106

- 전기조개 ·108
- 품품크랩 ·110
- 철갑둥어 ·112
- 데코레이터크랩 ·114
- 흰동가리 ·116
- 보름달물해파리 ·118
- 딱새우 ·120
- 파란고리문어 ·122
- 흉내문어 ·124
- 블롭피시 ·126
- 초롱아귀 ·128
- 산갈치 ·130
- 실러캔스 ·132
- 덤보문어 ·134
- 개복치 ·136
- 성대 ·138
- 매미새우 ·140

- 납서대 ·142
- 웨일피시 ·144
- 황제천사고기 ·146
- 제비활치 ·148
- 귀신고기 ·150
- 호그피시 ·152
- 큰살파 ·154
- 삼천발이 ·156
- 남극빙어 ·158
- 살벤자리 ·160
- 고양이줄고기 ·162
- 포대앨퉁이 ·164
- 아기돼지오징어 ·166
- 블랙타이거 ·168
- 닭새우 ·170
- 독도새우 ·172
- 황아귀 ·174

- 흡혈오징어 ·176
- 조개낙지 ·178
- 노래미 ·180
- 엘로우박스피쉬 ·182
- 할리퀸쉬림프 ·184
- 핑크해삼 ·186
- 프로그피쉬 ·188
- 자주복 ·190
- 가든일 ·192
- 농게 ·194
- 밴디드파이프피쉬 ·196
- 쏙 ·198
- 마블캣샤크 ·200
- 그린크로미스 ·202
- 어친클링피쉬 ·204

01 오징어

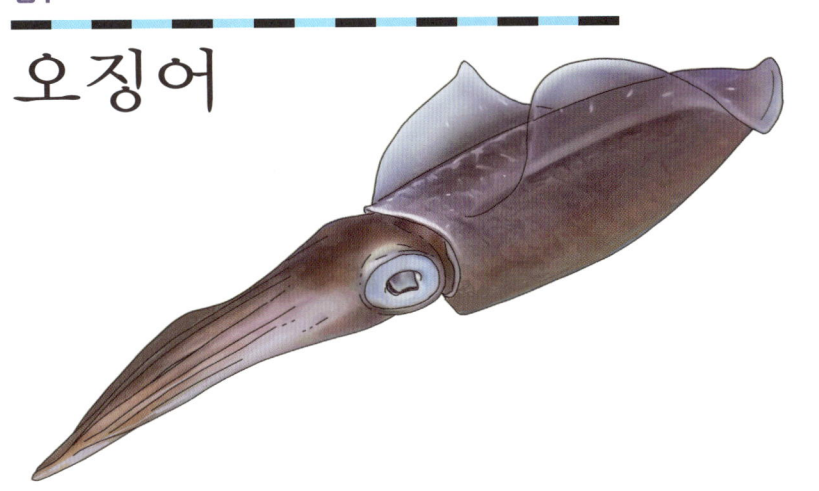

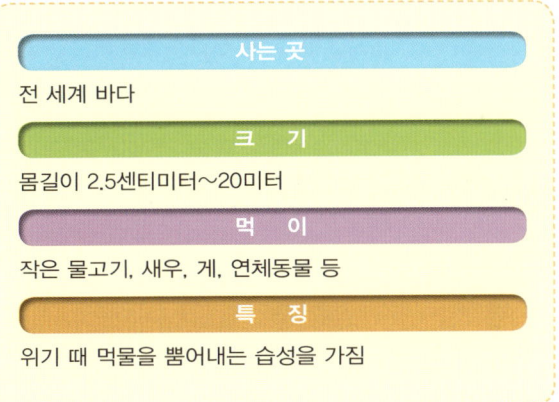

사는 곳
전 세계 바다
크 기
몸길이 2.5센티미터~20미터
먹 이
작은 물고기, 새우, 게, 연체동물 등
특 징
위기 때 먹물을 뿜어내는 습성을 가짐

낙지와 문어가 그렇듯 연체동물문, 두족류강에 속하는 바다 생물입니다. 전 세계 바다에 450~500종이 분포하지요. 몸길이가 2.5센티미터밖에 안 되는 것부터 20미터에 이르는 것까지 다채로운 종이 있습니다. 오징어는 위기 때 먹물을 뿜어내는 습성을 가졌지요.

오징어의 주요 먹이는 작은 물고기와 새우, 게, 다른 연체동물 등입니다. 사냥할 때 다리의 빨판과 입을 이용하지요. 오징어의 몸은 몸통, 머리, 다리로 나눌 수 있습니다. 우리가 흔히 머리라고 생각하는 부분은 몸통의 일부이며, 몸통과 다리 사이에 머리가 위치하지요. 머리에 2개의 큰 눈이 있고, 다리는 모두 10개입니다. 각 다리에는 빨판이 붙어 있지요. 또한 다리들 가운데 입이 있고, 몸통 끝 삼각형 부분에 지느러미가 자리합니다.

오징어의 산란 시기와 방법은 그 종류만큼 다양합니다. 예를 들어 알을 1개씩 산호초 등에 붙여 낳는 종이 있고, 여러 개의 알을 점액질로 묶어 산란하기도 하지요.

02 해파리

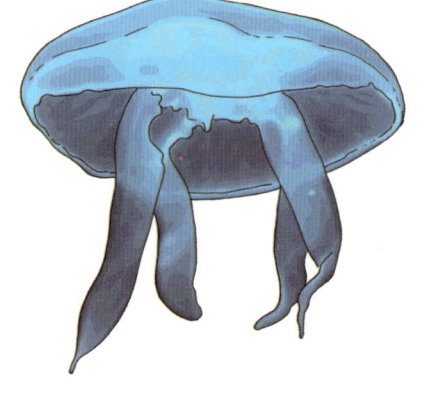

사는 곳
전 세계 바다

크 기
몸길이 1밀리미터~2미터 이상

먹 이
물고기, 동물성 플랑크톤 등

특 징
몸의 95퍼센트가 물로 이루어져 있음

　강장동물문, 해파리강에 속하는 바다 생물입니다. 전 세계 바다에 널리 분포하지요. 해파리는 호흡기관과 순환기관, 소화기관 등이 따로 없습니다. 그 대신 강장이라고 불리는 몸속의 빈 공간이 모든 생리 작용을 담당합니다.
　해파리는 몸길이 1~2밀리미터부터 2미터가 넘는 것까지 다양한 종류가 있습니다. 해파리의 몸은 95퍼센트가 물로 이루어져 있지요. 골격은 젤리 같은 한천질로 되어 있고요. 그 덕분에 쉽게 부력을 얻어 물속을 둥둥 떠다닐 수 있습니다.
　또한 해파리의 형태는 종 모양, 접시 모양, 우산 모양 등 여러 가지입니다. 대개 둥그런 갓 주변에 많은 촉수가 있으며, 여기서 나오는 자세포로 먹잇감을 마비시켜 잡아먹지요. 주요 먹이는 물고기나 동물성 플랑크톤입니다. 해파리는 근육의 수축과 이완을 통해 이동하지요. 하지만 바닷물의 흐름에 그냥 몸을 맡길 때가 더 많습니다.

03
새우

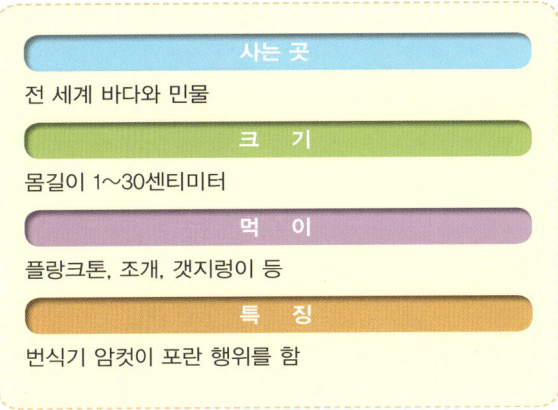

사는 곳
전 세계 바다와 민물

크 기
몸길이 1~30센티미터

먹 이
플랑크톤, 조개, 갯지렁이 등

특 징
번식기 암컷이 포란 행위를 함

   절지동물문, 갑각강에 속하는 바다 생물입니다. 바다새우는 전 세계 해역에 널리 분포하지요. 그보다 종류는 적지만, 민물새우도 제법 다양합니다.

   새우는 몸길이가 1~2센티미터밖에 안 되는 것부터 20~30센티미터에 이르는 대형 종까지 있습니다. 몸집이 작은 새우는 주로 플랑크톤을 먹고 살며, 큰 새우는 바다 바닥에 서식하는 조개나 갯지렁이 등을 잡아먹지요. 아울러 새우는 다른 물고기들의 중요한 먹잇감이 되기도 합니다. 그러므로 바다 생태계에서 결코 빼놓을 수 없는 생물이지요.

   새우는 등이 굽은 형태에 기다란 수염을 가졌고, 모두 10개의 다리가 있습니다. 몸을 세 부분으로 나눌 수 있으며, 머리와 가슴이 갑각이라고 불리는 등딱지에 싸여 있는 모습이지요. 그래서 새우를 갑각류라고 하는 것입니다. 또한 번식기 암컷은 알을 낳은 뒤 부화할 때까지 배다리에 붙이고 다니는 습성이 있는데, 그 행위를 가리켜 '포란'이라고 합니다.

04 해삼

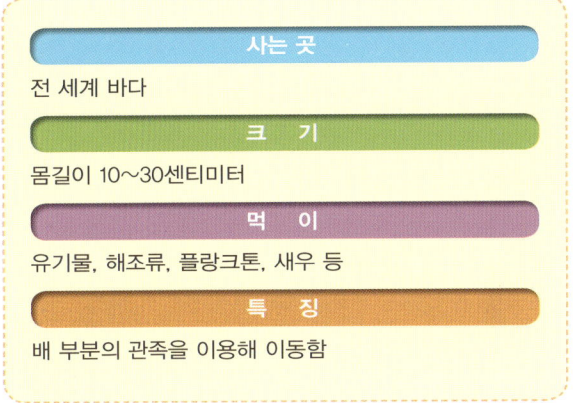

사는 곳
전 세계 바다
크 기
몸길이 10~30센티미터
먹 이
유기물, 해조류, 플랑크톤, 새우 등
특 징
배 부분의 관족을 이용해 이동함

극피동물문, 해삼강에 속하는 바다 생물입니다. 또 다른 극피동물문에는 성게와 불가사리 등이 있지요. 해삼은 전 세계 바다에 약 1,500여 종의 분포하는 것으로 알려져 있습니다. 그중 우리나라 바다에는 14종 정도가 서식하지요.

해삼이란 이름에는 '바다의 인삼'이라는 뜻이 담겨 있습니다. 몸길이 10~30센티미터 정도이며, 기다란 원통형 몸의 등 부분에 혹 같은 돌기들이 보이지요. 몸 앞쪽에 입이, 그 주변에는 여러 개의 촉수가 있습니다. 입과 반대편에는 배설을 담당하는 항문이 있고요. 배 부분에는 관족이란 것이 있는데, 이것을 이용해 바다 밑에서 이동합니다.

해삼은 종에 따라 다른 방식으로 먹이 활동을 합니다. 촉수를 둥글게 모아 편 다음 바닷속에 부유하는 것들을 잡아먹는가 하면, 해양 바닥을 기어 다니면서 다양한 유기물을 섭취하지요. 해조류를 뜯어먹거나, 동물성 플랑크톤과 작은 새우 등을 잡아먹기도 합니다.

05
바다뱀

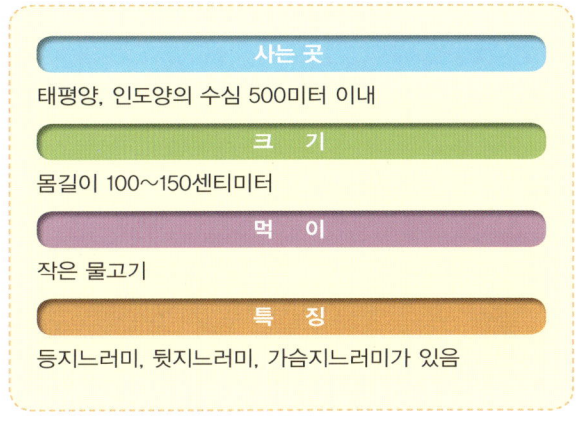

사는 곳
태평양, 인도양의 수심 500미터 이내

크 기
몸길이 100~150센티미터

먹 이
작은 물고기

특 징
등지느러미, 뒷지느러미, 가슴지느러미가 있음

　척삭동물문, 파충류강에 속하는 바다 생물입니다. 바다뱀은 주로 수심 500미터 이내의 따뜻한 바다에 서식하는데, 육지에 사는 뱀 못지않게 강한 독을 가졌지요. 성장할 때마다 탈피를 자주 하는 습성도 있습니다.

　바다뱀의 몸은 가늘고 기다란 원통형입니다. 몸길이는 100~150센티미터 정도고요. 몸 색깔은 등 쪽이 흑갈색이고, 배 부분은 노란빛이 비치는 흰색입니다. 몸에 이렇다 할 무늬는 없지요. 주요 먹이는 작은 물고기이며, 번식은 난태생으로 합니다.

　또한 바다뱀은 머리 폭이 좁고 주둥이가 뾰족하며, 온몸에 비늘이 빼곡합니다. 위턱이 아래턱보다 약간 튀어나왔고, 양턱의 앞쪽에는 날카로운 송곳니가 4개씩 보이지요. 그 뒤로는 작은 이빨이 가지런히 나 있습니다. 바다뱀의 몸에는 폭이 넓고 높이가 낮은 등지느러미, 뒷지느러미를 비롯해 자그마한 가슴지느러미도 자리합니다.

06 홍합

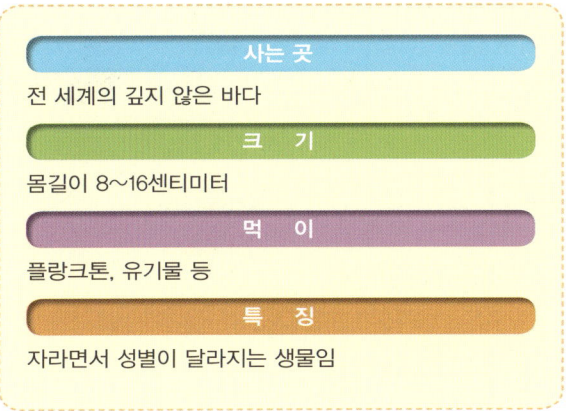

사는 곳
전 세계의 깊지 않은 바다

크 기
몸길이 8~16센티미터

먹 이
플랑크톤, 유기물 등

특 징
자라면서 성별이 달라지는 생물임

 연체동물문, 이매패강에 속하는 바다 생물입니다. 수심 5~20미터 정도로 깊지 않은 전 세계 바다에 서식하지요. 다른 이름으로 '담치', '참담치'라고도 합니다. 어릴 적에는 수컷 개체가 많은데 성체가 되면 암컷이 크게 늘어나는 성전환 생물이지요.

 홍합은 주로 수온이 12~16도 정도 되는 환경에서 번식 활동을 합니다. 한 마리의 암컷이 한배에 수백만 개에 이르는 알을 낳지요. 부화 후 한 달쯤 지나면 바다 속 바위에 붙어 본격적인 성장이 이루어집니다. 홍합의 주요 먹이는 플랑크톤과 유기물 등이지요. 바닷물을 들이마셨다가 내뱉으면서 먹잇감만 걸러 먹습니다.

 홍합의 몸길이는 8~16센티미터 정도입니다. 몸의 형태는 길쭉한 달걀 모양인데, 한쪽 끝은 뾰족하고 다른 한쪽은 둘레가 넓지요. 껍데기 바깥쪽 색깔은 검은색이나 흑갈색을 띠면서 광택이 납니다. 안쪽은 은백색이면서 진주처럼 영롱한 빛이 어른거리지요.

07 갯지렁이

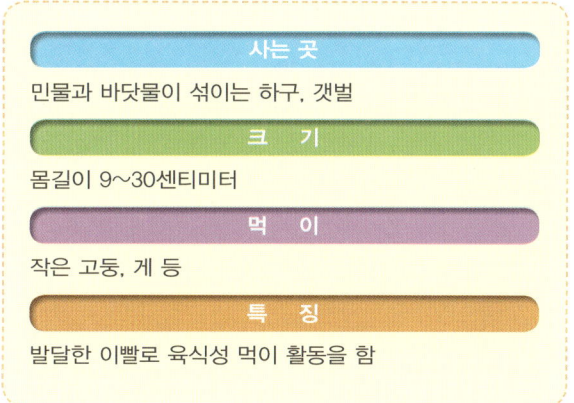

사는 곳
민물과 바닷물이 섞이는 하구, 갯벌

크 기
몸길이 9~30센티미터

먹 이
작은 고둥, 게 등

특 징
발달한 이빨로 육식성 먹이 활동을 함

환형동물문, 다모류강에 속하는 바다 생물입니다. 대부분 민물과 바닷물이 섞이는 하구, 또는 갯벌 같은 환경에 서식하지요. 전 세계에 약 9천여 종, 우리나라에는 300여 종이 서식하는 것으로 알려져 있습니다.

갯지렁이는 특별한 생식기관이 없지만, 암수딴몸으로 번식 활동을 합니다. 몸길이는 9~13센티미터 정도지요. 종에 따라서는 30센티미터 가까이 되는 경우도 적지 않습니다. 또한 갯지렁이는 가늘고 긴 몸에, 2쌍의 눈과 4쌍의 촉수를 가졌습니다. 2개의 큰 이빨과 1줄의 작은 이빨은 육식성 먹이 활동을 하는 데 중요한 도구가 되지요. 또한 몸 양쪽의 많은 다리들도 눈길을 끕니다. 몸 색깔은 대개 갈색을 띠면서 배 부분은 농도가 옅지요.

갯지렁이의 주요 먹이는 작은 고둥이나 게 등입니다. 갯벌에 구멍을 파고 숨어 있다가 먹잇감이 지나가면 재빨리 낚아채는 방식으로 먹이 활동을 하지요.

08 미역

사는 곳
동아시아 해역 및 남태평양, 대서양

크 기
몸길이 100~200센티미터

먹 이
햇빛, 물, 부유 유기물 등

특 징
동물이나 식물에 속하지 않는 원생생물

　부등편모조문, 갈조류강에 속하는 바다 생물입니다. 수온이 높지 않은 동아시아 해역을 중심으로 남태평양과 대서양 등에 분포하지요. 미역은 그 모습이 잎, 줄기, 뿌리로 명확히 구분되기 때문에 식물로 여겨지기 십상입니다. 실제 엽상체 식물로 불리기도 하지요. 그러나 생물 분류학에서는 특별히 동물이나 식물에 속하지 않는 원생생물로 봅니다.

　미역의 길이는 100~200센티미터 정도입니다. 대부분 150센티미터 이상 자라나지요. 색깔은 전체적으로 흑갈색을 띠는데, 잎에 비해 줄기 부분의 농도가 조금 옅습니다. 미역은 바다 생태계에서도 중요한 역할을 합니다. 전복과 소라 등의 주요 먹이가 되기 때문이지요. 미역은 대개 1년생으로, 봄에서 초여름 사이에 무성포자를 내어 번식합니다. 가을, 겨울에 본격적으로 성장하고요. 그런데 미역은 우리나라를 비롯한 동아시아 국가에서만 주요 음식 재료로 사용하는 특징이 있습니다.

09 권총새우

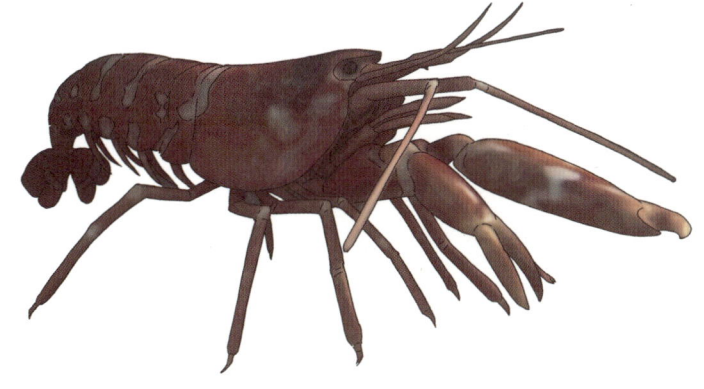

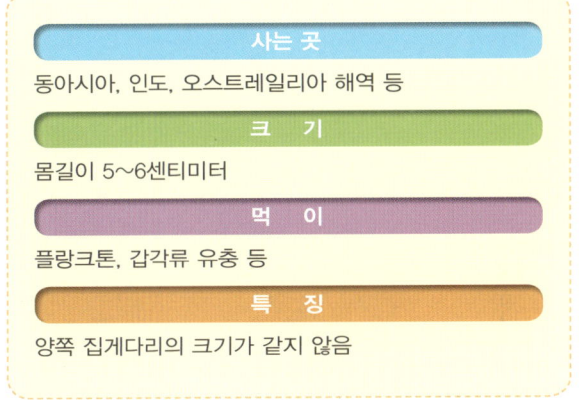

사는 곳
동아시아, 인도, 오스트레일리아 해역 등
크 기
몸길이 5~6센티미터
먹 이
플랑크톤, 갑각류 유충 등
특 징
양쪽 집게다리의 크기가 같지 않음

 절지동물문, 갑각류강에 속하는 바다 생물입니다. 동아시아와 인도, 오스트레일리아 해역 등에 분포하지요. 해양 바닥이 모래나 진흙으로 이루어진 연안에 주로 서식합니다. 다른 이름으로 '큰손딱총새우'라고도 하지요. 권총새우의 주요 먹이는 플랑크톤과 갑각류의 유충 등이며, 대개 4~8월에 알을 낳아 번식합니다.

 권총새우는 커다란 집게다리로 딱딱거리며 제법 큰 소리를 내는 습성 때문에 지금의 이름을 갖게 됐습니다. 등 쪽에 3줄의 적갈색 또는 녹갈색 띠가 있어 그것이 몸 색깔을 나타내지요. 몸길이는 5~6센티미터까지 자라납니다. 그중 갑각에 싸인 부분은 2센티미터가 약간 넘을 뿐이지요. 갑각 부분은 매끈하고 가시 따위가 없습니다. 이마뿔은 작고 뾰족하며, 눈에도 갑각이 덮여 있지요. 그리고 무엇보다 양쪽 집게다리의 크기가 같지 않은 특징이 있는데, 어느 쪽이 큰지는 개체에 따라 다릅니다.

10 소라게

사는 곳
태평양, 대서양, 인도양의 따뜻한 바다
크 기
몸길이 1~100센티미터
먹 이
죽은 물고기, 갯지렁이, 플랑크톤, 과일, 채소 등
특 징
소라나 고둥 껍데기를 집 삼아 생활함

　절지동물문, 연갑각류강에 속하는 바다 생물입니다. 천적으로부터 자신을 보호하기 위해 소라나 고둥의 껍데기를 집 삼아 살아가는 게를 가리키지요. 소라게의 크기는 매우 다양합니다. 몸길이가 1센티미터 안팎인 종부터 무려 100센티미터에 이르는 종까지 있지요. 예를 들어 야자열매를 주식으로 삼는 소라게인 야자집게가 대형 종에 속합니다. 또한 일부 소라게 중에는 말미잘을 뒤집어쓰고 다니는 특이한 경우도 있지요.

　소라게의 몸은 머리, 가슴, 배로 구분할 수 있습니다. 그 가운데 배 부분은 충격에 약해 꼭 소라나 고둥 껍데기를 이용해 보호할 필요가 있지요. 각 개체는 자신의 몸 크기에 맞는 집을 찾아 여러 번 소라나 고둥 껍데기를 바꿉니다. 또한 대부분의 소라게는 야행성이며, 양쪽 집게다리의 크기가 다른 경우가 많지요. 주요 먹이는 죽은 물고기, 갯지렁이, 플랑크톤 등입니다. 과일이나 채소를 즐겨 먹는 종도 있고요.

문어

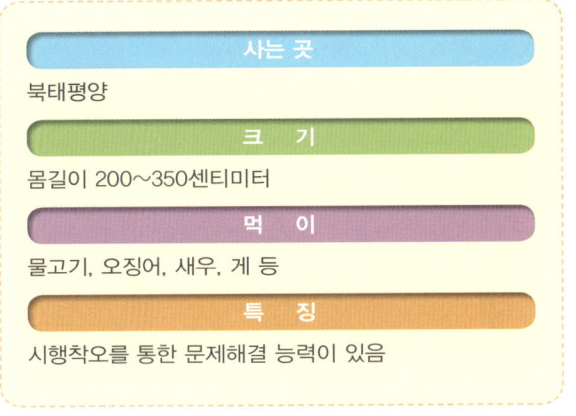

사는 곳
북태평양
크 기
몸길이 200~350센티미터
먹 이
물고기, 오징어, 새우, 게 등
특 징
시행착오를 통한 문제해결 능력이 있음

 연체동물문, 두족류강에 속하는 바다 생물입니다. 문어는 연체동물 가운데 머리가 가장 좋은 것으로 알려져 있습니다. 기억력을 가져 시행착오를 통한 문제해결 능력이 있다고 하지요. 단순하지만 도구를 이용한다는 연구 보고도 있고요.

 문어의 분포지는 한국, 일본, 중국, 미국, 캐나다 등 북태평양 해역입니다. 우리나라의 경우 주로 동해와 남해에 서식하지요. 바위가 많은 수심 200미터 이하의 바다 환경을 좋아합니다. 주요 먹이는 물고기, 오징어, 새우, 게 등이지요. 낮에는 보금자리로 삼은 바위틈에 숨어 있다가 주로 밤에 먹이 활동을 합니다.

 문어는 다리를 포함한 몸길이가 200~350센티미터까지 자라납니다. 몸무게도 10킬로그램이 훌쩍 넘는 개체가 많지요. 문어는 낙지처럼 8개의 다리를 가졌으며, 다리에는 빨판이 가지런히 자리해 있습니다. 몸 색깔은 전체적으로 적갈색을 띱니다.

주꾸미

사는 곳
한국, 일본, 중국 등 동아시아 해역

크 기
몸길이 20센티미터 안팎

먹 이
새우, 작은 물고기 등

특 징
다리와 눈 사이 좌우의 황금빛 동그라미 무늬

　문어와 같이 연체동물문, 두족류강에 속하는 바다 생물입니다. 얼핏 낙지와 닮아 보이지만 크기가 작지요. 한국, 일본, 중국 등 동아시아 해역에 주로 분포합니다. 우리나라의 경우 전 연안에서 찾아볼 수 있으며, 수심 5~50미터 정도 되는 곳이 주요 서식지입니다. 흔히 '쭈꾸미'로 부르기도 하는데, '주꾸미'가 표준어지요.

　주꾸미는 다리를 포함한 몸길이가 20센티미터 정도입니다. 다리는 8개이며, 2~4줄의 가지런한 빨판이 있지요. 낙지와 달리 다리와 눈 사이 좌우에 황금빛 동그라미 무늬가 나타나 있는 특징이 눈에 띕니다. 문어의 몸 색깔은 대부분 전체적으로 옅은 회갈색을 띠지요. 그 밖에 몸에 둥근 돌기가 빽빽이 나 있는 모습도 눈여겨볼 만합니다.

　주꾸미는 야행성 먹이 활동을 합니다. 주요 먹이는 새우와 작은 물고기 등이지요. 산란기는 5~6월이며, 천적과 맞닥뜨리면 먹물을 뿌리고 도망가는 습성이 있습니다.

13
대게

사는 곳
한국, 일본, 러시아, 알래스카, 그린란드 등

크 기
몸길이 7~13센티미터(등딱지)

먹 이
새우, 게, 조개, 갯지렁이, 물고기 사체 등

특 징
주로 수온이 낮은 바다에 서식함

　절지동물문, 갑각류강에 속하는 바다 생물입니다. 한국, 일본, 러시아, 알래스카, 그린란드 등에 분포하지요. 수온이 높은 곳보다는 낮은 바다에 주로 서식합니다. 다리가 마치 대나무처럼 생겼다고 해서 지금의 이름이 붙었습니다.

　대게의 몸 색깔은 등 쪽이 주황색이고, 배 부분은 흰색에 가깝습니다. 주요 먹이는 새우, 게, 조개, 갯지렁이 등이지요. 다른 어류들이 먹다 남긴 찌꺼기나 물고기 사체를 먹어치우기도 합니다. 야행성 먹이 활동을 하며, 천적으로는 대형 문어를 손꼽을 수 있지요.

　대게의 몸길이는 등딱지가 7~13센티미터 정도입니다. 너비로 보면 8~15센티미터쯤 되고요. 일반적으로 수컷의 몸이 암컷보다 커다랗습니다. 전체적으로 갑각의 모양은 둥근 삼각형이며, 4쌍의 걷는다리와 1쌍의 집게다리를 가졌지요. 등딱지의 가장자리에는 작은 가시 같은 것들이 늘어서 있어 오톨도톨합니다.

14
멍게

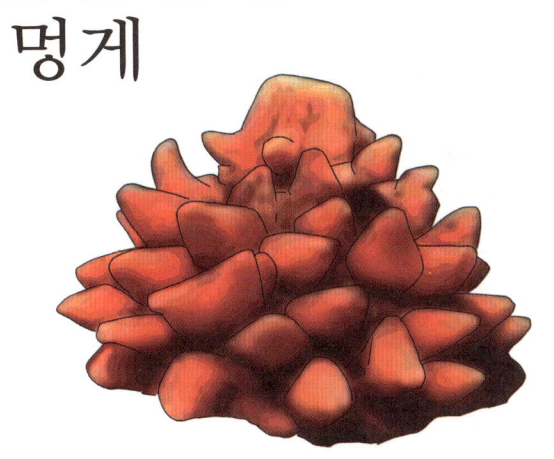

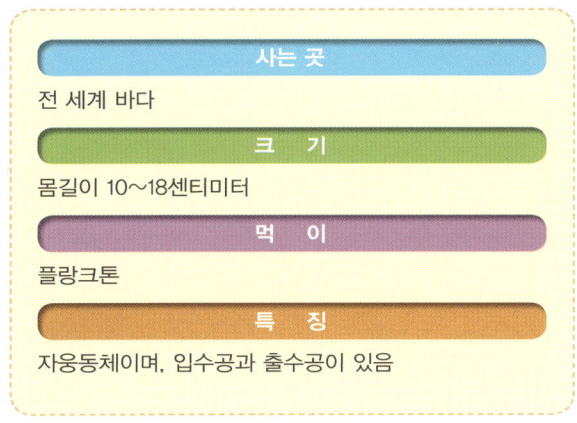

사는 곳
전 세계 바다
크 기
몸길이 10~18센티미터
먹 이
플랑크톤
특 징
자웅동체이며, 입수공과 출수공이 있음

　척삭동물문, 해초강에 속하는 바다 생물입니다. 전 세계 바다에 1천500여 종, 우리나라 해역에는 70여 종이 분포합니다. 주로 바다 속 바위 등에 붙어 서식하지요. 멍게는 하나의 개체에 암컷과 수컷의 성 특성이 모두 있는 자웅동체 동물입니다. 산란기에는 한 마리의 암컷이 무려 1만 개가 넘는 알을 낳습니다.
　멍게는 몸길이 10~18센티미터까지 자라납니다. 몸 색깔은 전체적으로 붉은색을 띠는데, 다른 곳에 비해 부착 부위 쪽의 농도가 옅지요. 멍게는 부드러운 속살을 단단한 껍데기가 둘러싸고 있는 형태입니다. 껍데기 표면에는 제법 큰 돌기가 가득 솟아 있지요. 바위에 몸을 붙이는 부착 부위 반대쪽에 2개의 구멍이 있는데, 하나는 입수공이고 다른 하나는 출수공입니다. 말 그대로 물을 빨아들이고 내뿜는 기관이지요. 이 과정을 통해 멍게는 산소를 흡입하며, 물과 함께 들어오는 플랑크톤을 먹습니다.

15
낙지

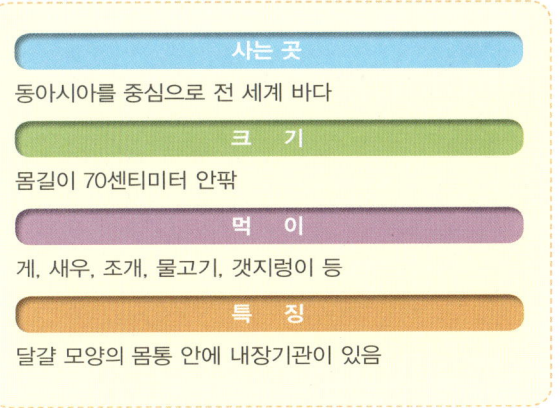

사는 곳
동아시아를 중심으로 전 세계 바다

크 기
몸길이 70센티미터 안팎

먹 이
게, 새우, 조개, 물고기, 갯지렁이 등

특 징
달걀 모양의 몸통 안에 내장기관이 있음

문어, 주꾸미와 함께 연체동물문, 두족류강에 속하는 바다 생물입니다. 동아시아 해역을 중심으로 전 세계 바다에 분포하지요. 깊은 바다에서도 발견되지만 주요 서식지는 얕은 바다의 돌 틈이나 갯벌의 진흙 속입니다.

낙지는 다리를 포함한 몸길이가 70센티미터 정도입니다. 몸의 형태는 가늘고 길며 8개의 다리를 가졌지요. 수컷의 경우 다리들 중 하나에 생식기가 있습니다. 사람들이 흔히 머리로 착각하는 달걀 모양의 몸통 안에는 여러 내장기관이 자리하지요. 또한 몸통과 다리 사이에 있는 머리에 뇌가 있으며 1쌍의 눈이 붙어 있습니다.

낙지의 몸 색깔은 보통 회색을 띠는데, 자극을 받을 경우 다양한 색깔을 드러냅니다. 먹물을 내뿜기도 하고요. 낙지는 돌 틈이나 진흙 속에 숨어 있다가 먹잇감이 나타나면 다리를 불쑥 내밀어 사냥합니다. 주요 먹이는 게, 새우, 조개, 물고기, 갯지렁이 등입니다.

16

군소

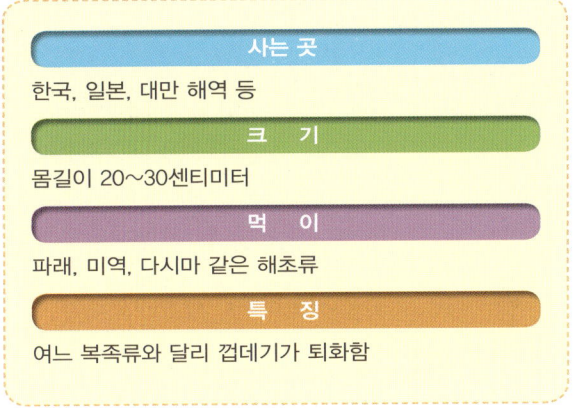

사는 곳
한국, 일본, 대만 해역 등
크 기
몸길이 20~30센티미터
먹 이
파래, 미역, 다시마 같은 해초류
특 징
여느 복족류와 달리 껍데기가 퇴화함

　연체동물문, 복족류강에 속하는 바다 생물입니다. '복족류'는 대부분 볼록한 나선 모양의 껍데기를 가지며, 머리와 가슴의 구분 없이 배가 너비 넓은 발 역할을 하는 동물이지요. 군소는 한국, 일본, 대만 등의 해역에 분포하며 주로 수심이 깊지 않은 연안에 서식합니다.

　그런데 군소는 여느 복족류와 달리 껍데기가 퇴화해 등 쪽에 얇게 남아 있는 상태라 물렁한 몸이 그대로 노출되어 있습니다. 몸 양쪽에 날개 모양의 근육이 발달했고, 머리에는 촉각과 후각을 느낄 수 있는 더듬이가 보이지요. 몸길이 20~30센티미터 정도에, 몸 색깔은 대개 흑갈색 바탕에 회백색 얼룩을 나타냅니다.

　군소는 자웅동체 동물입니다. 번식기가 되면 하나의 개체가 한 달 동안 무려 약 1억 개의 알을 낳는 것으로 알려져 있지요. 주요 먹이는 파래, 미역, 다시마 같은 해초류입니다. 바위나 암초가 많은 지역을 천천히 기어 다니며 먹이 활동을 합니다.

17 꽃게

사는 곳
한국, 일본, 중국 해역 등

크 기
몸길이 7~8.5센티미터(등딱지)

먹 이
물고기 사체, 갯지렁이, 조개 등

특 징
아래쪽 부채 모양 다리가 헤엄칠 때 도움이 됨

    대게가 그렇듯 절지동물문, 갑각류강에 속하는 바다 생물입니다. 우리나라를 비롯해 일본, 중국 해역 등에 분포합니다. 수심 100미터를 넘지 않으면서, 바다 바닥이 모래나 진흙으로 이루어진 곳에 주로 서식하지요.
    꽃게는 등딱지 길이가 7~8.5센티미터, 너비가 15~18센티미터 정도입니다. 몸의 형태는 마름모꼴이며, 등딱지 양쪽에 각각 5개의 다리가 있습니다. 그 중 가장 위쪽의 집게다리 2개는 먹이 활동을 하거나 천적에 맞설 때 위협적인 무기가 되지요. 또한 맨 아래쪽에 위치한 양쪽 다리는 부채 모양으로 넓적한데, 이것은 헤엄칠 때 중요한 역할을 합니다.
    꽃게의 몸 색깔은 등딱지를 중심으로 짙은 갈색을 띱니다. 배 부분과 다리 안쪽은 하얀색에 가깝지요. 수컷의 경우는 등딱지에 푸른빛이 살짝 비치기도 합니다. 꽃게의 주요 먹이는 물고기 사체, 갯지렁이, 조개 등입니다. 평균 수명은 3년 안팎이지요.

18

거북손

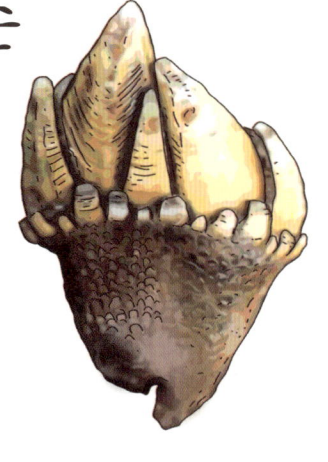

사는 곳
북서태평양, 인도 해역 등

크기
몸길이 3~5센티미터

먹이
플랑크톤

특징
거북의 다리 같은 겉모습

    절지동물문, 갑각류강에 속하는 바다 생물입니다. 생물 분류학상으로는 꽃게, 대게 등과 아주 가깝지요. 거북손이라는 이름은 생김새가 거북의 다리 같다고 해서 붙여졌으며, 주로 북서태평양과 인도 해역 등에 분포합니다.
    거북손은 유생 때 바닷속을 떠다니다가, 어느 정도 자라면 바위 등에 정착해 성장합니다. 한번 자리를 잡으면 그곳에서만 평생 살아가지요. 거북손의 주요 먹이는 플랑크톤입니다. 몸이 바닷물에 잠겼을 때 머리 쪽에서 덩굴 모양의 기관을 내놓아 먹이를 잡아먹지요. 또한 거북손은 자웅동체입니다. 교미침을 이용해 서로의 몸에 수정 과정을 거쳐 번식합니다.
    거북손의 몸길이는 3~5센티미터 정도입니다. 거북이 다리 같은 부분이 머리인데, 그 사이에 보이는 6개의 돌기가 호흡을 담당하지요. 머리 아래의 자루 부분은 바위에 몸을 부착하는 역할을 하고요. 환경에 따라 다르지만, 몸 색깔은 대체로 황갈색을 띱니다.

19
앵무조개

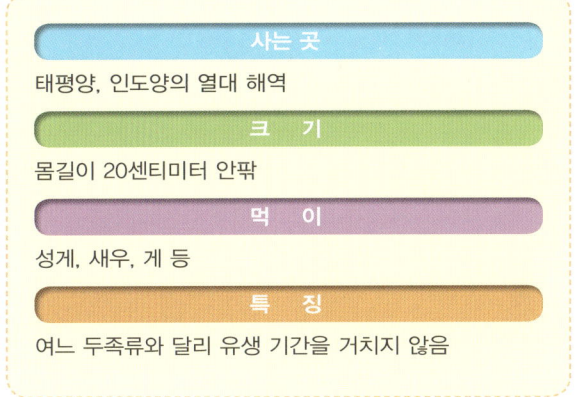

사는 곳
태평양, 인도양의 열대 해역

크 기
몸길이 20센티미터 안팎

먹 이
성게, 새우, 게 등

특 징
여느 두족류와 달리 유생 기간을 거치지 않음

　연체동물문, 두족류강에 속하는 바다 생물입니다. 오래 전에 멸종된 암모나이트와 같은 조상에서 진화했는데, 그만큼 몸의 구조가 원시적이라 '살아 있는 화석'으로 불리지요. 앵무조개는 태평양, 인도양의 열대 해역에 분포합니다. 수심 500미터 이하이면서 산호초가 많은 곳에 주로 서식하지요.

　앵무조개는 두족류치고 수명이 길어 약 20년 남짓 생존합니다. 몸길이는 20센티미터 안팎이지요. 앵무조개는 나선형의 껍데기 속에 부드러운 살과 내장 기관을 감추고 있습니다. 수컷이 60여 개, 암컷이 90여 개의 촉수를 갖고 있으며 빨판은 없지요. 수컷의 촉수 중 일부는 생식기 역할을 합니다.

　앵무조개는 껍데기 속 빈 공간에 물을 채우고 빼는 방식으로 부력을 조절하며 바닷속을 이동합니다. 성게, 새우, 게 등 동물성 먹이를 즐겨 먹지요.

20 쏠배감펭

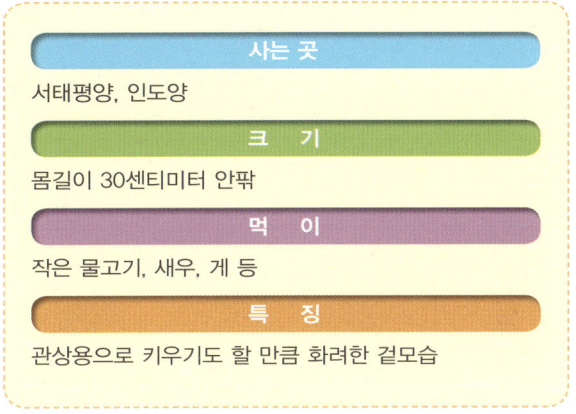

사는 곳
서태평양, 인도양
크 기
몸길이 30센티미터 안팎
먹 이
작은 물고기, 새우, 게 등
특 징
관상용으로 키우기도 할 만큼 화려한 겉모습

척삭동물문, 경골어강에 속하는 바다 생물입니다. 서태평양과 인도양의 따뜻한 바다에 분포하지요. 주로 수심이 얕고 바닥이 바위로 이루어진 곳에 서식합니다. '사자고기'라는 이름으로 불리기도 하지요.

쏠배감펭은 겉모습이 화려합니다. 몸 색깔은 연한 붉은색이지요. 몸에는 흑갈색 띠가 여러 개 있고, 가슴지느러미와 배지느러미 등에도 흑갈색 반점이 많이 보입니다. 쏠배감펭은 몸길이 30센티미터 안팎까지 성장합니다. 방추형 몸이 옆으로 약간 납작한 형태인데, 머리가 크고 꼭대기 쪽이 울퉁불퉁하지요.

또한 쏠배감펭은 입이 크고 위아래 턱에 융털 모양의 이빨이 있습니다. 코와 눈 주위에는 가시들이 많고요. 아래턱에는 혹처럼 생긴 돌기가 발달되어 있지요. 주요 먹이는 작은 물고기와 새우, 게 등입니다. 산란기는 8월이며, 알주머니 형태로 알을 낳습니다.

21
바다거북

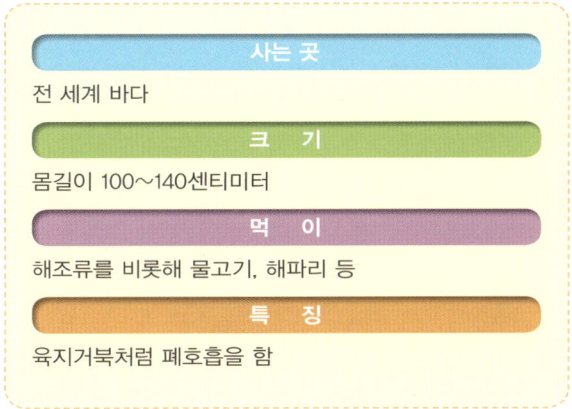

사는 곳
전 세계 바다

크 기
몸길이 100~140센티미터

먹 이
해조류를 비롯해 물고기, 해파리 등

특 징
육지거북처럼 폐호흡을 함

    척삭동물문, 파충류강에 속하는 바다 생물입니다. 북극해를 제외한 전 세계 바다에 분포하는데, 주로 태평양과 인도양의 따뜻한 바다에 서식하지요. 지금은 국제자연보호연맹 등에서 멸종위기종으로 선정해 보호하고 있습니다.

    거북의 몸은 단단한 등딱지에 싸여 있는데, 보통 바다거북보다는 육지거북의 것이 더 견고합니다. 또한 모든 거북은 폐호흡을 하는 특징이 있지요. 따라서 바다거북도 일정한 간격을 두고 수면 위로 올라와 산소를 공급받습니다. 다만 바다거북은 몇 시간씩 숨을 참는 능력을 가져, 한동안 바다 밑에서 쉬거나 잠을 잘 수 있지요. 아울러 모든 거북은 땅에서 산란을 하는 특징도 빼놓을 수 없습니다.

    바다거북의 몸길이는 100~140센티미터 정도입니다. 걷는 속도는 느려도 헤엄치는 속도는 꽤 빠르지요. 주요 먹이는 해조류를 비롯해 물고기와 해파리 등입니다.

22 산호

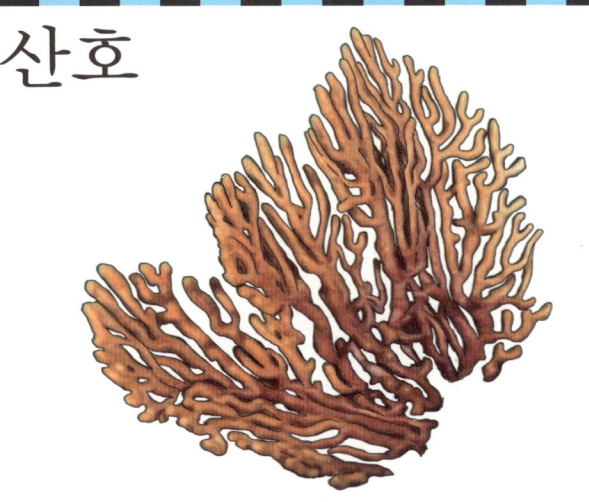

사는 곳
인도양, 지중해, 카리브해, 서태평양 등

크 기
몸길이 3~100센티미터

먹 이
플랑크톤, 게, 새우, 작은 물고기 등

특 징
뼈와 분비물이 쌓여 산호초를 형성함

    강장동물문, 산호충강에 속하는 바다 생물입니다. 산호의 뼈와 분비물이 쌓이면 단단한 구조물을 이루는데, 그것을 가리켜 산호초라고 하지요. 산호는 인도양, 지중해, 카리브해, 서태평양 등에 분포합니다. 수온 23~25도 정도의 열대 및 아열대 바다에 서식하지요.

    산호는 18세기까지 식물로 분류됐지만, 강장과 입을 가진 엄연한 동물입니다. 크기는 3센티미터 남짓한 것부터 100센티미터가 훌쩍 넘는 것까지 다양하지요. 산호초가 형성되는 곳에는 각종 영양 물질과 산소가 풍부해 온갖 바다 생물이 모여듭니다. 산호는 암수가 구별되며, 알과 정자를 바닷물 속으로 배출해 수정시키지요.

    산호는 입 부분에 있는 촉수로 플랑크톤, 게, 새우, 작은 물고기 등을 잡아먹습니다. 촉수를 활짝 펼치고 있다가 먹잇감이 닿으면 자포를 발사해 기절시키지요. 자포는 세포 기관으로, 천적에 대항하거나 사냥할 때 큰 도움이 됩니다.

23 불가사리

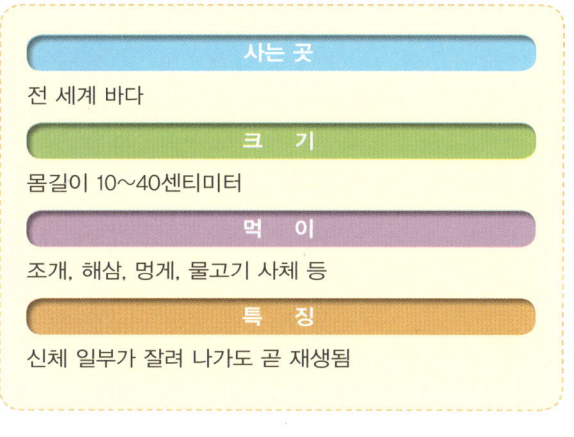

사는 곳
전 세계 바다

크 기
몸길이 10~40센티미터

먹 이
조개, 해삼, 멍게, 물고기 사체 등

특 징
신체 일부가 잘려 나가도 곧 재생됨

극피동물문, 불가사리류강에 속하는 바다 생물입니다. 극피동물문에는 불가사리 외에 성게, 해삼 등이 포함되지요. 불가사리는 전 세계 바다에 1천800여 종이 분포합니다. 그 중에서도 북태평양에 서식하는 종류가 가장 다양하지요.

불가사리의 크기는 10~40센티미터 정도입니다. 몸 색깔은 적갈색, 연노랑색, 보라색, 주황색 등 다채롭지요. 몇 가지 색깔이 섞여 있기도 하고요. 주요 먹이는 조개, 해삼, 멍게, 물고기 사체 등입니다. 그런데 불가사리는 식욕이 너무 왕성해 다른 바다 생물에 큰 피해를 입히기도 합니다. 물론 죽은 바다 생물의 사체를 먹어치우는 등 청소부 역할을 해 바다의 환경을 보호하는 면도 있지요.

불가사리는 체반이라고 하는 중앙판에 돌출물이 방사형으로 붙어 있는 형태입니다. 신체가 잘려 나가도 곧 재생되거나, 그 부위가 또 다른 개체로 자라날 만큼 생존력이 탁월하지요.

24 가리비

사는 곳
전 세계 바다

크 기
몸길이 2~15센티미터

먹 이
유기물, 플랑크톤

특 징
양쪽 패각을 강하게 여닫으면서 이동함

 연체동물문, 이매패강에 속하는 바다 생물입니다. 여기서 '이매패강'은 몸이 평평하고 양쪽에 2개의 껍데기가 덮여 있는 패류를 뜻합니다. 전 세계 바다에 분포하는 가리비는 비교적 수온이 낮은 곳에 서식하지요.
 가리비는 양쪽 패각을 강하게 여닫으면서, 그때 분출되는 물살의 작용으로 바닷물 속에서 몸을 움직이는 능력이 뛰어납니다. 크기는 종류에 따라 2~15센티미터까지 다양하지요. 양쪽 껍데기의 모양은 부채같이 생겼으며, 표면에 골판지처럼 제법 깊은 골이 파여 있습니다. 먹이 활동을 할 때는 양쪽 껍데기를 벌리고 다니다가 천적이 나타나면 재빨리 닫지요. 주요 먹이는 유기물과 플랑크톤입니다.
 가리비 알은 수중에서 수정됩니다. 그 후 2~3주 정도 바닷속을 떠다니다 약 2개월가량 한 곳에 부착되어 성장하지요. 성체가 되고 나서는 바다 밑바닥을 옮겨 다니며 생활합니다.

25

폭스페이스

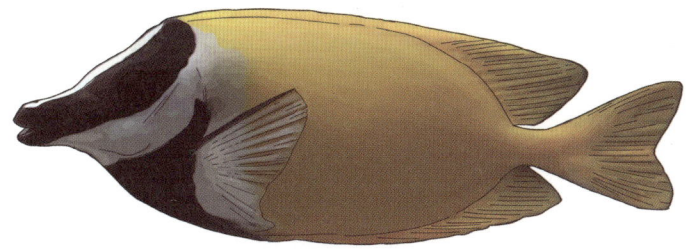

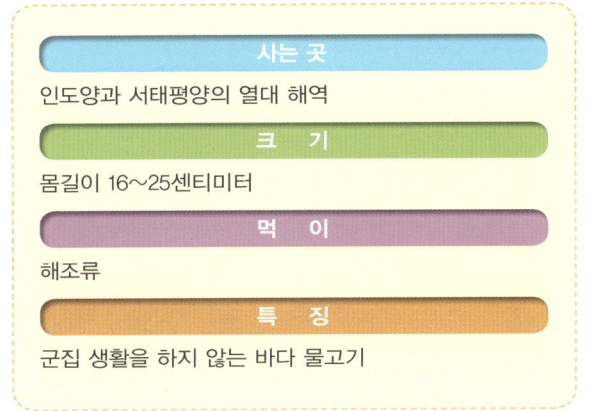

사는 곳
인도양과 서태평양의 열대 해역

크 기
몸길이 16~25센티미터

먹 이
해조류

특 징
군집 생활을 하지 않는 바다 물고기

　척삭동물문 경골어강에 속하는 바다 생물입니다. 우리말로는 '여우독가시치', '여우얼굴토끼치' 등으로 불리지요. 인도양과 서태평양에 분포하며, 수온이 높은 열대 해역에 주로 서식합니다. 요즘은 사람들에게 관상용으로도 사랑받고 있지요.

　폭스페이스는 몸길이 16~25센티미터 정도의 바다 물고기입니다. 주둥이가 튀어나와 있으며 입이 아주 작지요. 가슴 부위의 중심선은 비늘로 덮여 있고, 등지느러미와 뒷지느러미에 가시가 돋아 있습니다. 몸 색깔은 몸통 부분이 거의 노란색이며 얼굴 부분은 검은색, 갈색, 흰색 등이 어우러져 있지요.

　폭스페이스는 바위가 많고 산호초가 뒤덮인 지역에서 자주 발견됩니다. 햇빛을 별로 좋아하지 않지요. 또한 폭스페이스는 군집 생활을 하는 경우가 거의 없습니다. 주요 먹이는 해조류이며, 지느러미 가시에 독이 있어 찔리면 매우 아프지요.

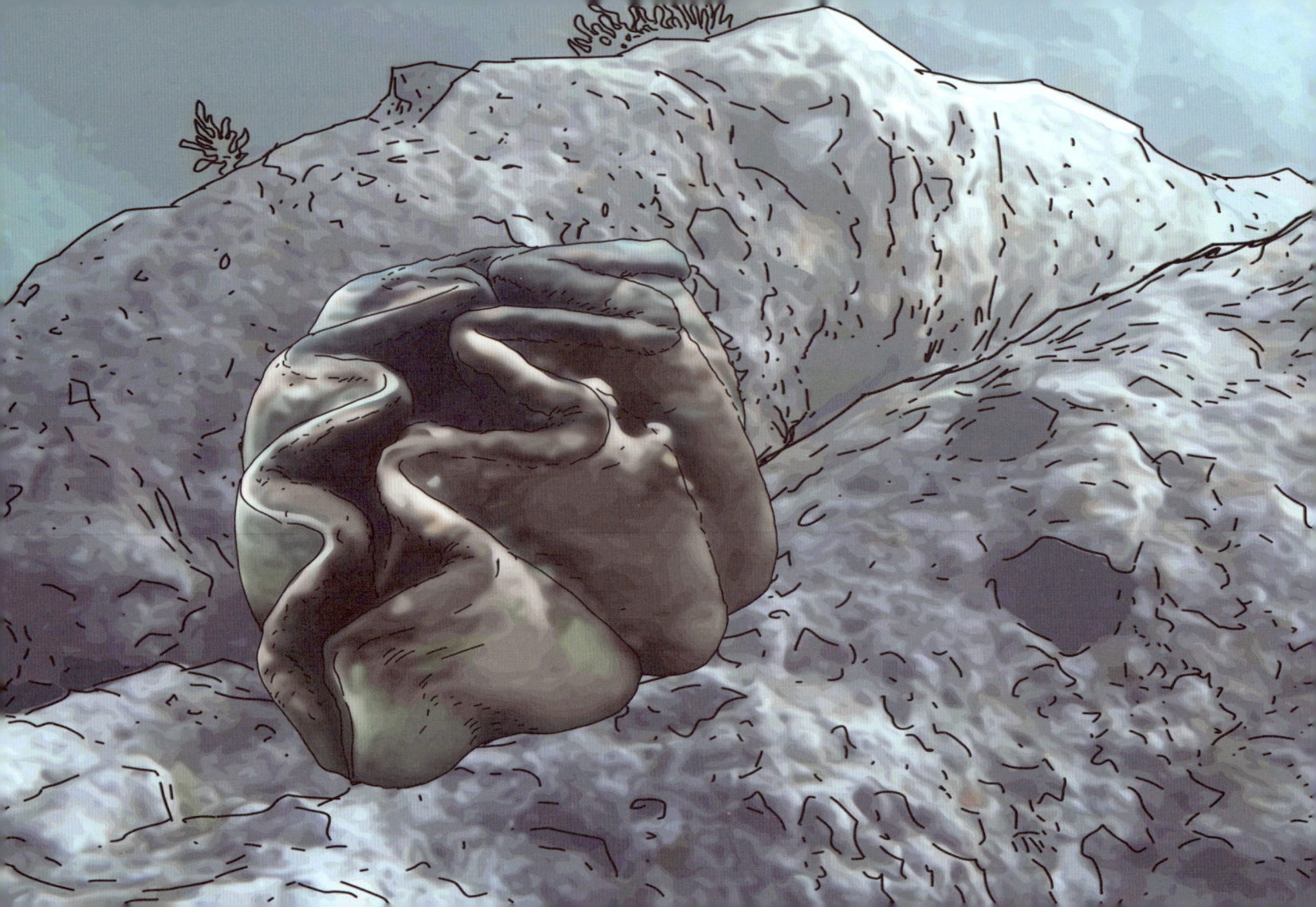

26
대왕조개

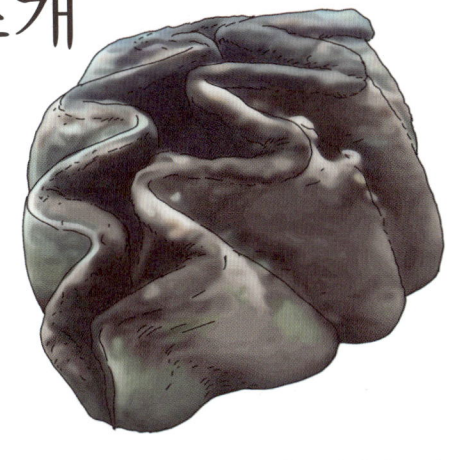

사는 곳
남태평양, 인도양

크 기
몸길이 120~150센티미터

먹 이
공생 조류의 광합성을 통한 영양분 섭취

특 징
낮에 패각을 열어두는 습성이 있음

연체동물문, 이매패강에 속하는 바다 생물입니다. 주로 남태평양과 인도양에 분포합니다. 수심 20미터 안팎이면서 산호초가 많은 곳에 서식하지요. 대왕조개는 이름 그대로 조개류 중 가장 커다란 몸을 자랑합니다. 몸길이가 120~150센티미터, 몸무게는 200킬로그램에 이를 정도지요. 평균 수명도 100년 가까이 된다고 알려져 있습니다. 또한 대왕조개는 자웅동체인데, 다른 개체가 있어야 번식이 가능합니다.

대왕조개는 큰 몸집에 어울리지 않는 먹이 활동을 합니다. 패각을 완전히 닫지 못한 채 밖으로 늘어뜨릴 만큼 두꺼운 외투막을 가졌는데, 여기에 사는 공생 조류들의 광합성을 통해 영양분을 공급받지요. 그런 까닭에 낮에는 패각을 최대한 열어두는 습성이 있습니다. 그 덕분에 외투막이 파란색, 초록색, 갈색 등을 띠어 아름다움을 자아내지요. 만약 그때 잠수부가 접근하면 사고가 일어날 수 있으니 주의해야 합니다.

27 킹크랩

사는 곳
북극해, 베링해, 오호츠크해, 일본 북부 해역 등

크 기
몸길이 25~28센티미터(등딱지)

먹 이
죽은 물고기, 갯지렁이 등

특 징
왼쪽 집게다리가 오른쪽 것보다 작음

절지동물문, 갑각류강에 속하는 바다 생물입니다. 북극해, 베링해, 오호츠크해, 일본 북부 해역 등 북태평양에 분포하지요. 주로 수온이 -1~10도 정도 되는 곳에 서식합니다. 우리말 이름은 '왕게'인데 널리 사용되지는 않고 있습니다.

킹크랩은 등딱지 폭이 25~28센티미터까지 자라납니다. 양쪽 다리를 벌리면 120센티미터 이상 되지요. 등딱지의 모양은 오각형이고, 표면에 짤막한 가시 같은 것이 뾰족뾰족 나 있습니다. 양쪽 집게다리는 비대칭인데, 왼쪽 것이 오른쪽 것보다 작지요. 몸 색깔은 등딱지와 다리가 붉은색을 띠고, 배 부분은 노르스름합니다.

킹크랩의 먹이는 죽은 물고기와 갯지렁이 등입니다. 산란기는 봄철이며, 이 시기에 탈피와 번식 행위가 함께 이루어지지요. 암컷은 알을 낳아 배에 붙이고 다니는데, 그 수가 무려 20만 개 안팎에 이릅니다. 알에서 부화해 성체가 되려면 약 10년의 시간이 필요하지요.

28 갯강구

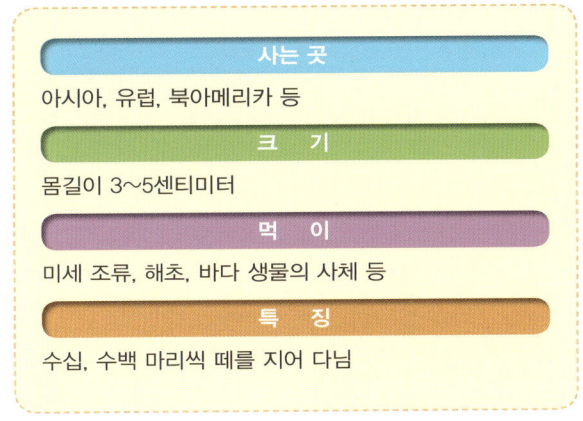

사는 곳
아시아, 유럽, 북아메리카 등
크 기
몸길이 3~5센티미터
먹 이
미세 조류, 해초, 바다 생물의 사체 등
특 징
수십, 수백 마리씩 떼를 지어 다님

절지동물문, 갑각류강에 속하는 바다 생물입니다. 아시아, 유럽, 북아메리카 해변 등에 널리 분포합니다. 주로 바위나 해조류가 많고 습기가 많은 곳에 서식하지요. 하지만 물속에서는 살지 못합니다.

갯강구는 보통 수십, 수백 마리씩 떼를 지어 다니는 습성이 있습니다. 그래서 서양에서는 '부두 바퀴벌레'라고 부르지요. 갯강구의 몸길이는 3~5센티미터 정도입니다. 타원형 몸이 아래위로 납작한 형태이면서 등 쪽이 약간 볼록하지요. 눈이 크고, 머리에 기다란 더듬이가 있으며, 7개의 가슴마디를 가졌습니다. 배는 꼬리마디와 함께 6개의 마디로 나뉘어 있고요. 2개의 꼬리발은 중간 이하 부분이 두 갈래로 갈라져 있습니다.

갯강구의 몸 색깔은 전체적으로 회갈색이나 황갈색을 띱니다. 주로 바위에 붙은 미세 조류와 해초, 바다 생물의 사체 등을 뜯어먹고 살지요.

29

사자갈기해파리

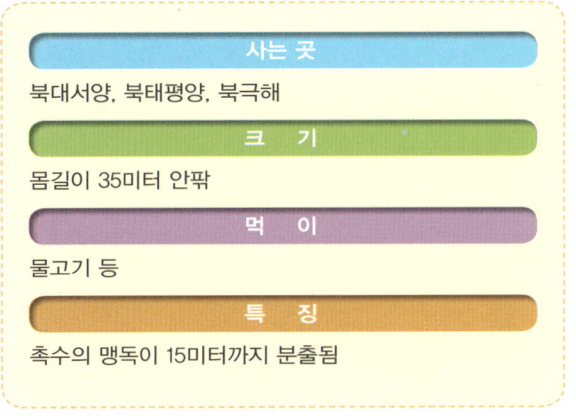

사는 곳
북대서양, 북태평양, 북극해
크 기
몸길이 35미터 안팎
먹 이
물고기 등
특 징
촉수의 맹독이 15미터까지 분출됨

    강장동물문, 해파리강에 속하는 바다 생물입니다. 지구상의 모든 해파리 중 몸집이 가장 크지요. 사자갈기해파리는 삿갓의 지름만 2미터가 훌쩍 넘습니다. 촉수의 길이는 30~35미터까지 자라고요. 그러니까 전체 몸길이가 무려 35미터 안팎에 이르는 셈입니다. 흰수염고래, 향유고래 등의 몸길이보다도 훨씬 길지요.

    사자갈기해파리의 겉모습과 색깔은 일반적인 해파리와 별로 다르지 않습니다. 다만 촉수의 수가 사자 갈기처럼 굉장히 많지요. 이 촉수들은 자신을 방어하거나 먹잇감을 사냥하는 데 쓰입니다. 사자갈기해파리의 촉수는 맹독을 뿜어대는데, 사방 15미터 범위까지 영향을 끼친다고 하지요. 주요 먹이는 물고기입니다.

    사자갈기해파리는 북대서양, 북태평양, 북극해에 분포합니다. 서양에서는 '키아네아 카필라타'라고 부르지요. '북유령해파리'라고도 합니다.

30
화살게

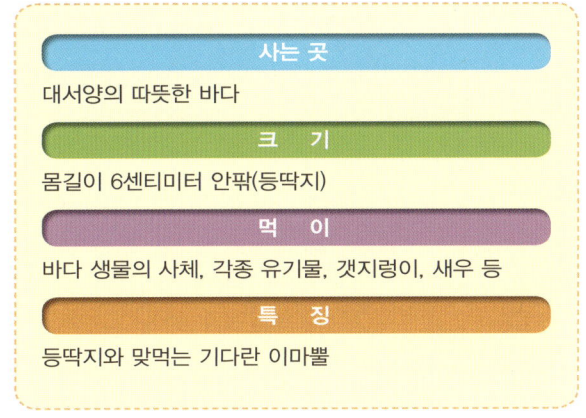

사는 곳
대서양의 따뜻한 바다
크 기
몸길이 6센티미터 안팎(등딱지)
먹 이
바다 생물의 사체, 각종 유기물, 갯지렁이, 새우 등
특 징
등딱지와 맞먹는 기다란 이마뿔

　절지동물문, 갑각류강에 속하는 바다 생물입니다. 거미게와 생김새가 비슷하지요. 카리브해를 비롯한 대서양의 따뜻한 바다에 분포합니다. 주로 수심이 깊지 않고 산호초가 많은 해역에 서식합니다.

　화살게는 등딱지의 길이가 6센티미터 안팎입니다. 등딱지는 삼각형 모양이지요. 또한 기다란 이마뿔을 가졌는데, 그 길이가 등딱지와 맞먹는데다 모서리에 톱니가 나 있기도 합니다. 8개의 걷는다리는 매우 얇고 각각 10센티미터가 넘을 만큼 길지요. 화살게의 주요 먹이는 바다 생물의 사체와 각종 유기물, 갯지렁이, 새우 등입니다.

　화살게의 몸 색깔은 전체적으로 노란색을 띱니다. 개체에 따라서는 흰 줄무늬가 보이기도 하고요. 화살게는 야행성이기 때문에 거의 밤에 먹이 활동을 합니다. 몸을 움직일 때는 머리를 곧게 세우고 다니는 습성이 있지요.

말미잘

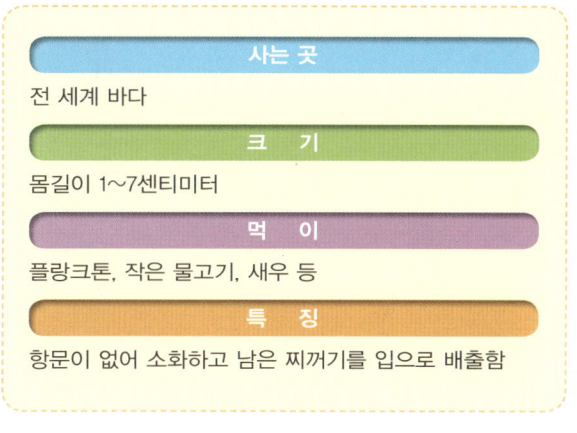

사는 곳
전 세계 바다

크 기
몸길이 1~7센티미터

먹 이
플랑크톤, 작은 물고기, 새우 등

특 징
항문이 없어 소화하고 남은 찌꺼기를 입으로 배출함

 강장동물문, 산호충강에 속하는 바다 생물입니다. 전 세계 바다에 분포하며, 대부분 무리를 짓지 않고 단독으로 바위 등에 붙어 정착 생활을 하지요. 소라나 조가비 같은 바다 생물의 몸에 붙기도 합니다. 하지만 산호처럼 한 자리에만 고착되지는 않지요.

 말미잘은 1센티미터도 안 되는 것부터 6~7센티미터에 이르는 것까지 크기가 다양합니다. 원통형 몸에, 위쪽으로 입이 열려 있고 항문은 없지요. 먹이를 소화하고 남은 찌꺼기는 입을 통해 배출합니다. 또한 몸에 뼈는 없지만 근육계와 신경계가 발달했습니다. 입 주위에는 여러 개의 촉수가 있는데, 여기에 먹잇감이 닿으면 독성 물질을 내뿜어 마취시키지요. 주요 먹이는 플랑크톤, 작은 물고기, 새우 등입니다.

 말미잘의 몸 색깔은 초록색, 붉은색, 푸른색, 자주색, 주황색, 흰색 등 다양합니다. 대부분 암수딴몸으로 체외수정을 하지만, 일부 종은 난태생으로 번식하지요.

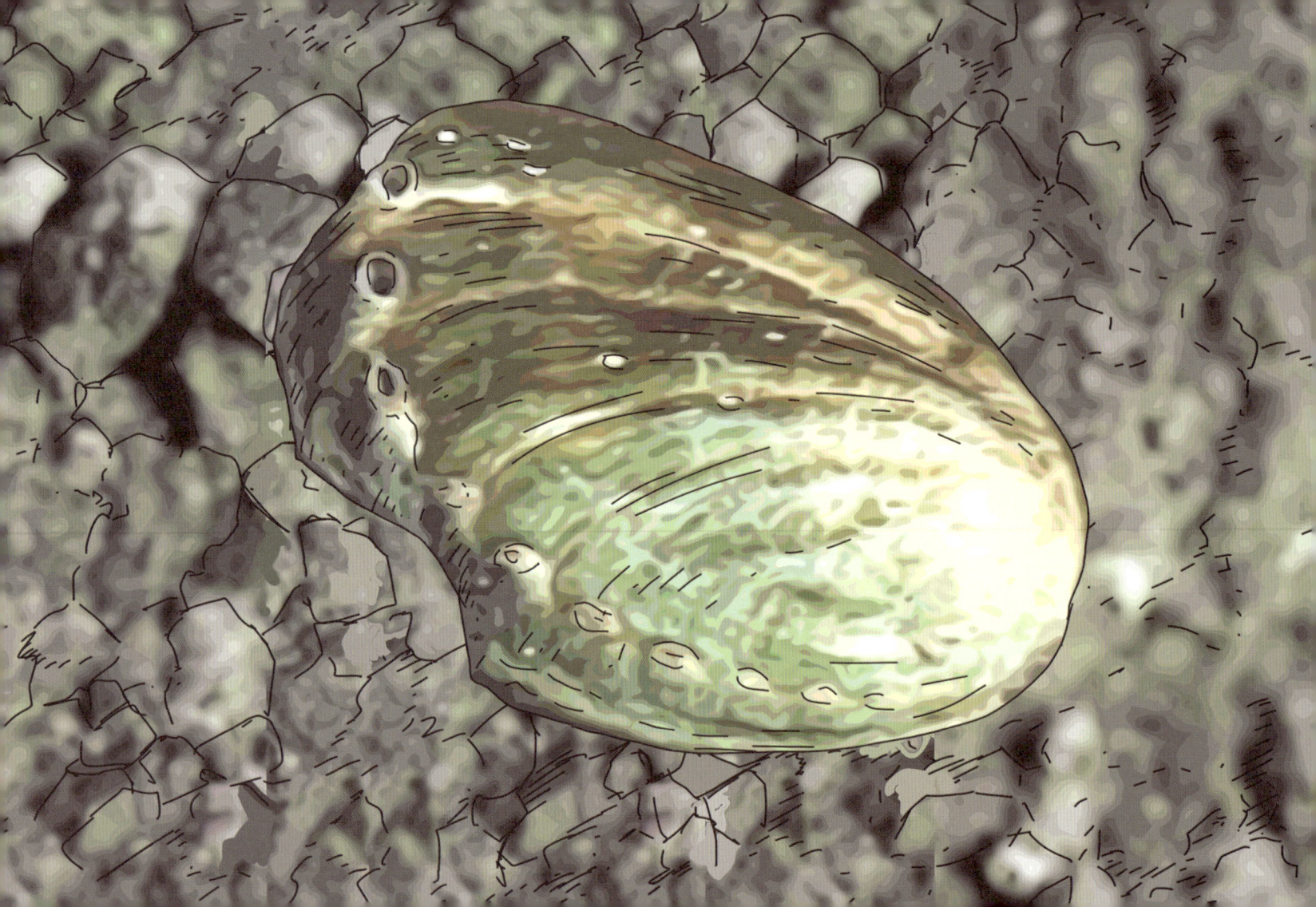

32 전복

사는 곳
전 세계 바다

크 기
몸길이 2~30센티미터

먹 이
다시마, 미역, 파래 등

특 징
크고 넓은 발을 가졌음

연체동물문, 복족류강에 속하는 바다 생물입니다. 전복은 종류에 따라 크기가 다양합니다. 예를 들어 오분자기는 몸길이가 2센티미터 남짓하지만, 무려 30센티미터 가까운 종도 있지요. 전복의 모양은 폭이 넓은 타원형이며, 껍데기 표면에 물결 형태의 낮은 주름이 보입니다. 껍데기 안쪽은 마치 진주처럼 광택이 반짝이지요.

또한 전복은 껍데기에 싸여 있는 살이 패각근으로 고정되어 있으며, 크고 넓은 발을 가졌습니다. 전복은 이것으로 바위 등에 달라붙어 해조류를 갉아먹지요. 그 밖에 머리에는 1쌍의 더듬이와 눈이 보이며, 아가미도 1쌍입니다. 전복의 주요 먹이는 다시마, 미역, 파래 같은 해조류입니다.

전복은 전 세계 바다에 100여 종이 분포합니다. 주로 물이 깨끗하고, 바위가 많으며, 해조류가 무성한 곳에 서식하지요. 대개 늦가을에서 초겨울에 걸쳐 난생으로 번식합니다.

33
해마

사는 곳
전 세계 바다

크 기
몸길이 6~11센티미터

먹 이
새우, 곤쟁이, 물고기 치어 등

특 징
마치 해삼을 세워놓은 듯한 몸의 형태

 척삭동물문, 경골어강에 속하는 바다 생물입니다. 전 세계 바다에 분포하며, 주로 수심이 깊지 않은 해초 군락지에 서식하지요. 관 모양의 입을 이용해 작은 동물을 빨아들이는 방식으로 먹이 활동을 하는데 주요 먹이는 새우, 곤쟁이, 물고기 치어 등입니다.

 해마는 몸길이 6~11센티미터까지 자라납니다. 마치 해삼을 세워놓은 듯한 몸에 구부러진 목, 긴 주둥이, 기다란 꼬리를 가졌지요. 몸은 많은 골판으로 덮였으며, 머리에 돌기가 튀어나왔고, 머리를 제외한 몸 전체에 둥근 마디가 이어져 있습니다. 또한 해마의 몸 색깔은 아주 다채롭습니다. 주변 환경에 따라 화려하거나 수수하게 보호색을 띠기 때문이지요.

 해마는 종종 수중에 가만히 떠 있는 듯한 모습을 보이는데, 이것은 커다란 부레가 있어 가능한 일입니다. 그리고 자신의 몸을 위장하거나 주변 환경에 몸을 숨기는 능력이 뛰어나 발견하기 어려울 때가 많습니다.

바다맨드라미

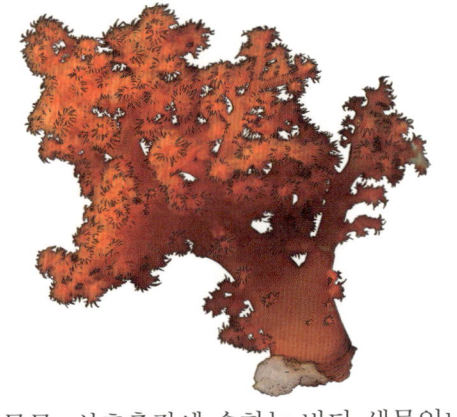

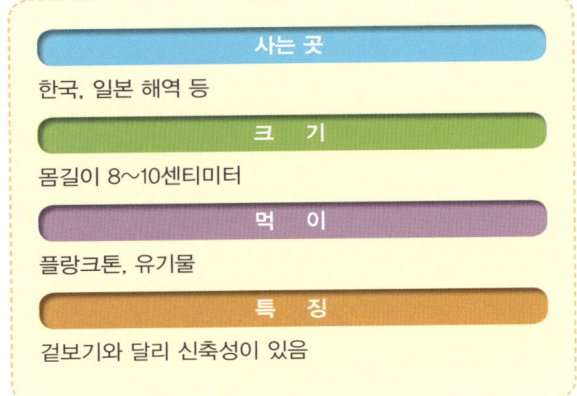

사는 곳
한국, 일본 해역 등

크 기
몸길이 8~10센티미터

먹 이
플랑크톤, 유기물

특 징
겉보기와 달리 신축성이 있음

  강장동물문, 산호충강에 속하는 바다 생물입니다. 한국, 일본 해역 등에 분포하지요. 대체로 수심 50미터를 넘지 않으면서 바위가 많은 곳에 서식합니다. 일부 종은 우리나라에서 야생 생물 보호종으로 지정되었습니다.

  바다맨드라미는 겉보기와 달리 신축성이 있습니다. 예를 들어 10센티미터의 높이가 수축해 5센티미터 정도 되는 덩어리 모양으로 변신하기도 하지요. 바다맨드라미의 높이는 8~10센티미터 정도입니다. 너비도 10센티미터 안팎이라 얼핏 소담한 꽃다발처럼 보이지요.

  바다맨드라미는 바위 등에 붙어 고착 생활을 하는데, 주로 밤에 촉수를 펼쳐 먹이 활동을 합니다. 주요 먹이는 바닷물에 떠다니는 플랑크톤과 유기물입니다. 몸 색깔은 보통 줄기 부분이 연한 갈색이나 크림색, 가지 부분이 노란색이나 회백색을 띠지요. 그리고 촉수의 폴립은 붉은빛이나 짙은 갈색 등을 내보입니다.

리본장어

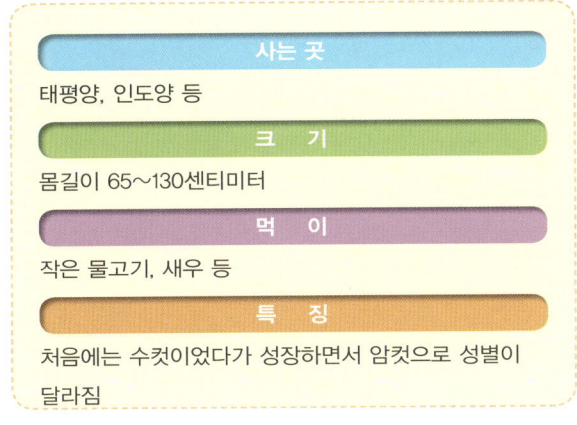

사는 곳
태평양, 인도양 등

크기
몸길이 65~130센티미터

먹이
작은 물고기, 새우 등

특징
처음에는 수컷이었다가 성장하면서 암컷으로 성별이 달라짐

척삭동물문 조기어강에 속하는 바다 생물입니다. 리본처럼 몸이 얇고 길며 화려한 색을 띠어 지금의 이름이 붙었는데, '색댕기곰치'라고도 하지요. 태평양과 인도양 등에 분포하며, 바위와 산호초가 많은 얕은 바다에 주로 서식합니다.

리본장어의 몸길이는 65~130센티미터 정도입니다. 대체로 수컷보다 암컷의 몸길이가 더 길지요. 특이하게 리본장어는 태어날 때 모든 개체가 수컷이었다가 성장하면서 암컷으로 성별이 달라집니다. 몸 색깔도 검은색에서 파란색으로, 다시 암컷으로 바뀌면 노란색을 띠는 변화를 거듭하지요. 다만 지느러미의 색깔은 줄곧 노란색입니다.

리본장어는 여느 곰치 종류가 그렇듯 몸속에 독을 지니고 있습니다. 하지만 주로 밤에 활동하는 데다 평소 바위 등에 몸을 숨기고 있어 사람과 맞닥뜨리는 경우는 드물지요. 주요 먹이는 작은 물고기와 새우 등입니다.

36 귀오징어

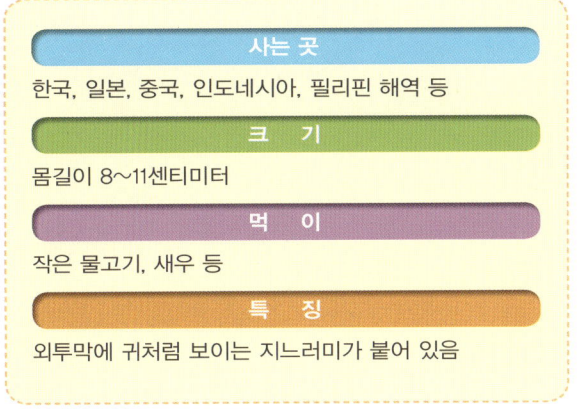

사는 곳
한국, 일본, 중국, 인도네시아, 필리핀 해역 등

크 기
몸길이 8~11센티미터

먹 이
작은 물고기, 새우 등

특 징
외투막에 귀처럼 보이는 지느러미가 붙어 있음

연체동물문, 두족류강에 속하는 바다 생물입니다. 오징어류는 전 세계 바다에 450~500종이 분포하지요. 그중 하나가 귀오징어인데 우리나라를 비롯해 일본, 중국, 인도네시아, 필리핀 해역 등에 분포합니다. 주요 서식지는 연안의 모래 바닥이지요.

귀오징어의 몸길이는 8~11센티미터 정도입니다. 돔 형태 외투막에 얼핏 귀처럼 보이는 지느러미가 붙어 있지요. 길이가 별로 길지 않은 10개의 다리에서는 작고 밀집된 흡반을 볼 수 있습니다. 또한 먹물주머니 위쪽에 발광박테리아가 들어 있는 발광기관을 가졌지요. 몸 색깔은 전체적으로 흑갈색을 띱니다.

귀오징어의 주요 먹이는 작은 물고기와 새우 등입니다. 번식기가 되면 바다 밑에서 모래 따위를 묻힌 수십 개의 난을 뭉쳐 산란하지요.

랍스터

사는 곳
태평양, 인도양, 대서양

크 기
몸길이 20~60센티미터

먹 이
바다 생물의 사체, 작은 물고기, 게, 고둥 등

특 징
몸길이와 비슷한 길이의 양 집게다리

　절지동물문, 갑각류강에 속하는 바다 생물입니다. 우리말 이름은 '바닷가재'라고 하지요. 태평양, 인도양, 대서양에 분포합니다. 주로 연근해에 서식합니다. 주요 먹이는 바다 생물의 사체, 작은 물고기, 게, 고둥 등입니다. 암컷은 약 2년에 한 번씩 산란하는데, 새끼가 부화하는 1년 가까이 알을 꼬리에 품고 다니는 습성이 있습니다. 평균 수명은 10~15년 정도입니다.

　랍스터는 몸길이 20~60센티미터까지 자라납니다. 단단한 등딱지를 비롯해 각각 1쌍의 긴 더듬이와 작은 더듬이, 5쌍의 다리를 가졌지요. 다리 가운데 양 집게다리의 길이는 몸길이와 비슷하며, 힘이 무척 세서 사람의 손가락이 잘릴 정도라고 합니다. 또한 물갈퀴 모양으로 생긴 꼬리는 이동할 때 편리하게 진화했습니다. 랍스터의 몸 색깔은 검으면서 푸르거나, 검으면서 초록빛을 띱니다. 그 색깔이 뜨거운 불로 요리를 하면 붉게 변합니다.

38

도둑게

사는 곳
한국, 일본, 중국, 대만 등의 해안
크 기
몸길이 2~3센티미터(등딱지)
먹 이
물고기 사체, 바다의 유기물 등
특 징
마을에 들어와 음식 찌꺼기를 주워 먹기도 함

　절지동물문, 갑각류강에 속하는 바다 생물입니다. 어촌 마을에 심심치 않게 나타나 사람들의 음식을 훔쳐 먹는다고 해서 지금의 이름이 붙었습니다. 한국, 일본, 중국, 대만 등의 해안에 분포하지요. 주로 바닷물과 민물이 섞이는 곳이나 습지, 논밭 등에 서식합니다.

　도둑게는 등딱지 길이가 2~3센티미터밖에 안 됩니다. 너비도 3센티미터가 약간 넘을 뿐이지요. 등딱지의 모양은 사각형이며, 표면이 매끄럽습니다. 또한 먹이 활동의 도구로 쓰이는 1쌍의 집게다리를 비롯해 주로 이동할 때 쓰는 4쌍의 다리를 가졌지요. 대칭을 이루는 양 집게다리는 암컷에 비해 수컷의 것이 더 큽니다. 몸 색깔은 전체적으로 어두운 청록색을 띠는데, 개체에 따라서는 붉은빛이 돌기도 하지요.

　도둑게의 주요 먹이는 물고기 사체와 바닷속 유기물 등입니다. 산란기는 7~8월이며, 암컷은 자기 몸에서 부화한 유생을 한꺼번에 바닷물에 털어 넣습니다.

갑오징어

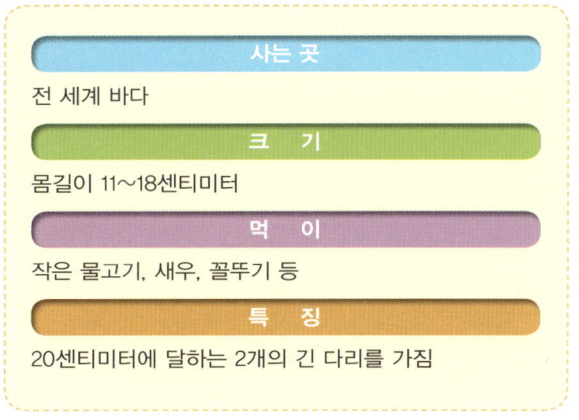

사는 곳
전 세계 바다

크 기
몸길이 11~18센티미터

먹 이
작은 물고기, 새우, 꼴뚜기 등

특 징
20센티미터에 달하는 2개의 긴 다리를 가짐

연체동물문, 두족류강에 속하는 바다 생물입니다. 전 세계 바다에 분포하지요. 우리나라에는 주로 서해에 서식합니다. 다른 이름으로 '참오징어'라고도 합니다.

갑오징어의 몸길이는 보통 11~18센티미터까지 자라납니다. 몸은 원통형이며, 양쪽 가장자리에 지느러미가 넓게 자리 잡고 있지요. 다리는 모두 10개인데, 그중 길이가 20센티미터에 달하는 2개의 긴 다리는 먹이 활동을 할 때 쓰입니다. 여기에는 거칠고 단단한 빨판도 보이지요. 나머지 8개의 다리는 길이가 10센티미터 안팎입니다. 10개의 다리들 가운데에는 입이 위치합니다. 또한 갑오징어는 내골격을 가졌습니다. 이 뼈에는 공기방이 있어 부력을 조절하는 중요한 역할을 하지요.

갑오징어의 몸 색깔은 등 쪽이 어두운 갈색이고, 배 부분은 흰색에 가깝습니다. 주요 먹이는 물고기, 새우, 꼴뚜기 등입니다. 산란기에는 해조류에 부착하는 방식으로 알을 낳지요.

40
칠게

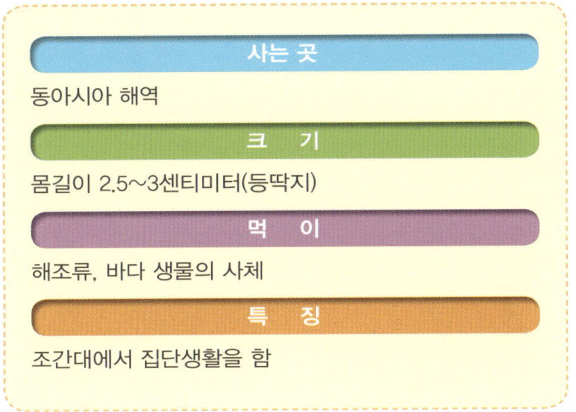

사는 곳
동아시아 해역

크 기
몸길이 2.5~3센티미터(등딱지)

먹 이
해조류, 바다 생물의 사체

특 징
조간대에서 집단생활을 함

    절지동물문, 갑각류강에 속하는 바다 생물입니다. 한국, 일본, 중국, 대만 등 동아시아 해역에 분포하지요. 주로 조간대의 진흙 바닥에 굴을 파고 숨어 삽니다. 여기서 조간대란, 만조 때의 해안선과 간조 때의 해안선 사이 부분을 말하지요.

    칠게의 몸길이는 등딱지 길이를 기준으로 했을 때 2.5~3센티미터 정도입니다. 그 너비는 3.5~4센티미터쯤 되고요. 갑각의 형태는 옆으로 길쭉한 사다리꼴이며, 등에서 자잘한 알갱이 같은 과립과 짧은 털을 볼 수 있습니다. 또한 수컷은 낫 모양의 큼지막한 집게다리를, 암컷은 여느 게들과 비슷한 작은 집게다리를 갖고 있지요. 몸 색깔은 서식 환경에서 보호색 기능을 하는 갈색을 띱니다.

    칠게는 진흙 바닥이 있는 곳에서 집단생활을 합니다. 수십, 수백 마리가 한꺼번에 발견되기 일쑤지요. 간조 때 구멍 밖으로 나와 해조류와 바다 생물의 사체를 먹이로 삼습니다.

꼴뚜기

사는 곳
동아시아, 동남아시아, 유럽 해역 등
크 기
몸길이 6~7센티미터
먹 이
플랑크톤, 유기물, 새우, 물고기 알 등
특 징
낱낱의 형태가 아니라 덩어리 모양으로 알을 낳음

　오징어가 그렇듯 연체동물문, 두족류강에 속하는 바다 생물입니다. 주로 육지와 가까운 연안에 서식하며, 플랑크톤을 비롯해 바닷속에 떠다니는 각종 유기물을 먹이로 삼습니다. 작은 새우나 물고기 알 등을 잡아먹기도 하고요. 주요 분포지는 동아시아, 동남아시아, 유럽 해역 등입니다.

　꼴뚜기는 몸길이 6~7센티미터까지 자라납니다. 몸의 형태는 원통형이며, 마름모꼴 지느러미가 양쪽으로 펼쳐져 있지요. 다리 개수는 10개로, 몸의 절반 정도 되는 길이입니다. 또한 4열로 이루어진 흡반을 가졌으며, 뼈가 얇고 투명하지요. 몸 색깔은 전체적으로 희끄무레한 바탕에 자줏빛 반점이 불규칙하게 나타나 있습니다.

　꼴뚜기는 일생 동안 생활 터전을 거의 옮기지 않는 특성이 있습니다. 산란기에는 낱낱의 형태가 아니라 덩어리로 알을 낳지요. 하나의 덩어리에 20~30개의 알이 들어 있습니다.

소라

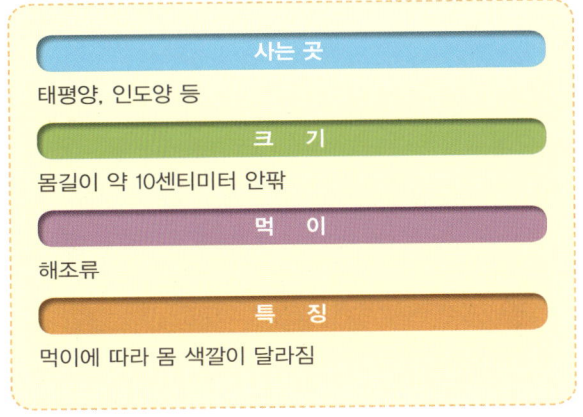

사는 곳
태평양, 인도양 등

크 기
몸길이 약 10센티미터 안팎

먹 이
해조류

특 징
먹이에 따라 몸 색깔이 달라짐

   연체동물문, 복족류강에 속하는 바다 생물입니다. 부화 후 3년 정도 자라야 성체가 되지요. 주요 분포지는 태평양, 인도양 등입니다. 주로 수심 30미터 안팎의 얕은 해역에 서식하지요. 특히 바다 바닥에 바위가 많고 해조류가 풍부한 곳을 좋아합니다.

   소라의 크기는 껍데기 기준으로 높이 약 10센티미터까지 성장합니다. 그 경우 폭은 8센티미터 남짓 되지요. 소라의 모양은 원뿔형이고, 그 안에 더듬이가 기다란 부드러운 살이 들어 있습니다. 더듬이 옆에는 작은 눈이 보이지요. 또한 암수 모두 생식선을 갖고 있습니다. 수컷의 생식선은 황백색이고, 암컷의 생식선은 녹색입니다.

   소라의 몸 색깔은 먹이에 따라 달라집니다. 예를 들어 갈조류를 많이 먹으면 황갈색을 띠고, 홍조류를 많이 먹으면 녹갈색으로 변하지요. 껍데기 안쪽은 진줏빛으로 반짝거립니다. 소라는 갈조류와 홍조류 등 주로 해조류를 먹이로 삼습니다.

43

성게

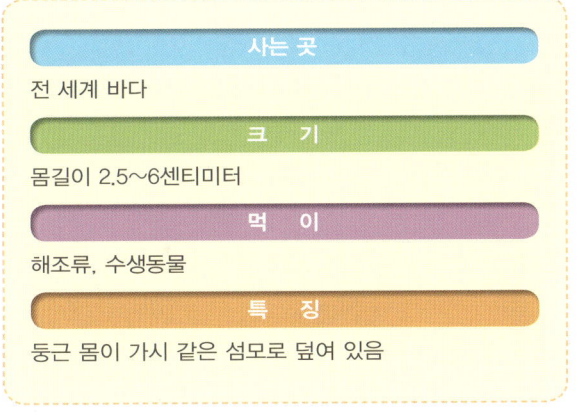

사는 곳
전 세계 바다

크 기
몸길이 2.5~6센티미터

먹 이
해조류, 수생동물

특 징
둥근 몸이 가시 같은 섬모로 덮여 있음

  극피동물문, 성게강에 속하는 바다 생물입니다. 성게를 비롯해 불가사리류와 해삼류가 대표적인 극피동물이지요. 성게는 전 세계 바다에 분포합니다. 우리나라 해역에는 보라성게를 비롯해 약 30여 종이 서식합니다.

  성게는 얼핏 위아래나 앞뒤의 구분이 없는 것처럼 보입니다. 실제로 앞뒤의 방향성은 없지요. 하지만 위아래는 분명하게 구별됩니다. 입은 몸의 아래쪽에 있고, 항문은 위쪽에 위치하지요. 또한 성게는 둥근 몸이 온통 가시 같은 섬모로 덮여 있어 마치 밤송이처럼 보입니다. 그런 특징은 천적으로부터 자신을 보호하는 데 큰 도움이 되지요.

  성게는 종에 따라 몸의 지름이 2.5~6센티미터까지 자라납니다. 그리고 기다란 섬모들 사이에는 빨대 모양의 발이 줄지어 있는데, 그 끝이 빨판 구조라 바닥에 붙여 가며 자리를 이동하기 편리하지요. 주요 먹이는 해조류와 수생동물입니다.

44
갯민숭달팽이

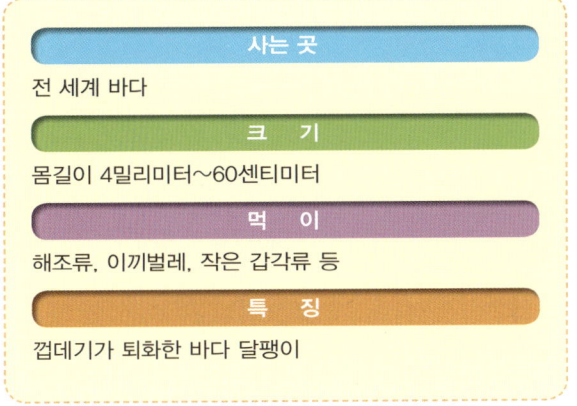

사는 곳
전 세계 바다

크 기
몸길이 4밀리미터~60센티미터

먹 이
해조류, 이끼벌레, 작은 갑각류 등

특 징
껍데기가 퇴화한 바다 달팽이

소라처럼 연체동물문, 복족류강에 속하는 바다 생물입니다. 북극해, 남극해를 비롯해 열대 해역까지 전 세계 바다에 폭넓게 분포하지요. 심지어 수심 700~2천500미터나 되는 깊은 바다에도 서식합니다.

갯민숭달팽이는 대부분 몸길이가 4~5센티미터 정도입니다. 하지만 종에 따라 4밀리미터에 불과한 것부터 60센티미터에 이르는 것까지 매우 다양한 크기를 나타내지요. 갯민숭달팽이는 대체로 납작하고 좌우 대칭형인 몸을 가졌습니다. 그리고 화려한 색깔의 돌기를 뽐내지요. 이 돌기는 아름다운 색깔로 시선을 사로잡는 것에 그치지 않고 아가미 역할을 해 몸 안에 산소를 공급합니다.

모든 갯민숭달팽이는 껍데기가 퇴화한 바다 달팽이입니다. 하지만 독이나 자포로 자신을 보호하는 능력이 있지요. 주요 먹이는 해조류와 이끼벌레, 작은 갑각류 등입니다.

45

따개비

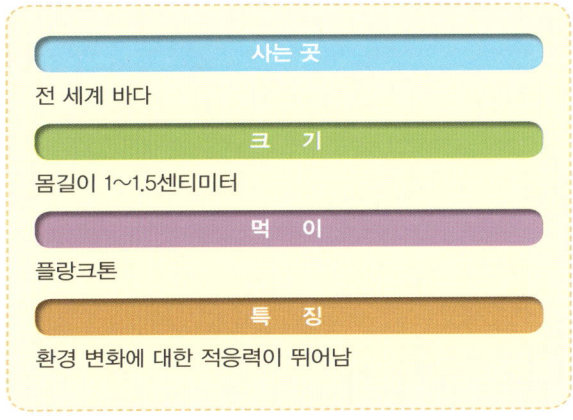

사는 곳
전 세계 바다

크 기
몸길이 1~1.5센티미터

먹 이
플랑크톤

특 징
환경 변화에 대한 적응력이 뛰어남

절지동물문, 갑각류강에 속하는 바다 생물입니다. 생물 분류학상 갯강구, 랍스터, 게 등과 유사한 묶음이지요. 따개비는 전 세계 바다에 분포합니다. 밀물과 썰물에 따라 바닥이 바닷물에 잠겼다 드러나기를 반복하는 조간대에 주로 서식하지요.

따개비는 다양한 염분 농도와 뜨거운 햇살에도 잘 적응할 만큼 생명력이 뛰어납니다. 대개 바위나 선박의 아래쪽에 몸을 붙여 생활하는데, 온몸이 단단한 껍데기에 싸여 있지요. 몸은 머리와 6쌍의 만각이 달린 가슴으로 구성되어 있습니다. 만각은 일종의 다리로, 섬모 형태지요. 배는 없으며, 눈과 더듬이도 보이지 않습니다.

따개비는 몸길이가 1~1.5센티미터 정도입니다. 유생 시기를 지나 한번 자리를 잡으면 일생 동안 그곳에서 살아가지요. 주요 먹이는 플랑크톤인데, 앞서 설명한 6쌍의 만각을 이용해 잡아먹습니다.

46
해룡

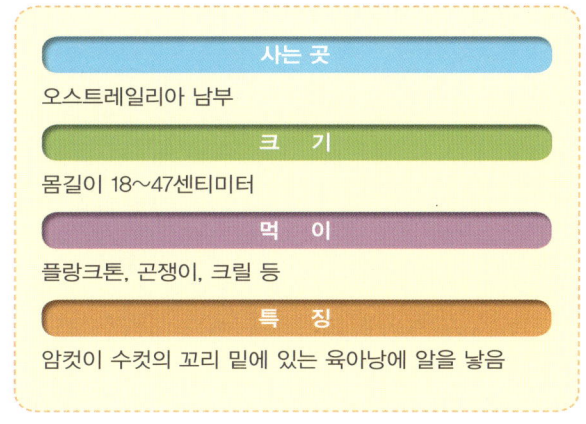

사는 곳
오스트레일리아 남부

크 기
몸길이 18~47센티미터

먹 이
플랑크톤, 곤쟁이, 크릴 등

특 징
암컷이 수컷의 꼬리 밑에 있는 육아낭에 알을 낳음

척삭동물문, 조기어강에 속하는 바다 생물입니다. 해마류의 근연종인데, 생김새가 전설 속 동물인 용을 닮았다고 해서 지금의 이름이 붙었습니다. 대표적으로 풀잎해룡과 나뭇잎해룡이 있지요.

그중 풀잎해룡은 몸길이가 40~47센티미터입니다. 해마와 달리 꼬리를 펼친 채 헤엄치는 특징이 있지요. 온몸에 자신을 방어하는 가시들이 나 있는 모습입니다. 그에 비해 나뭇잎해룡은 몸길이가 18~23센티미터입니다. 대체로 해마를 닮았으나 해초 같은 지느러미가 무성해 눈길을 사로잡지요. 해조류 속에 몸을 숨기면 알아채기 어려울 정도입니다.

해룡은 오스트레일리아 남부 지역에 분포합니다. 주요 먹이는 플랑크톤, 곤쟁이, 크릴 등이지요. 관 모양의 주둥이로 먹잇감을 잡아먹습니다. 또한 번식기에는 암컷이 수컷의 꼬리 밑에 있는 육아낭에 알을 낳는 독특한 습성을 가졌지요.

47 키조개

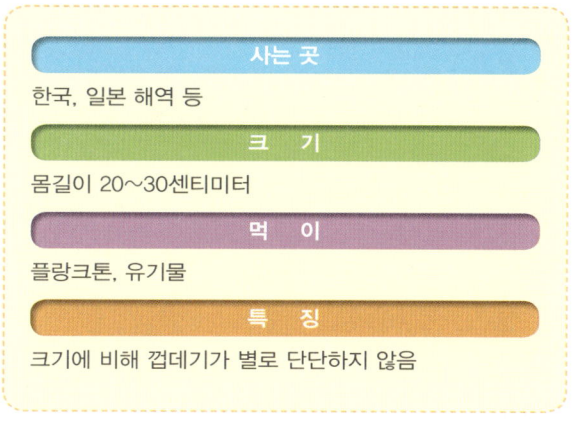

사는 곳
한국, 일본 해역 등

크 기
몸길이 20~30센티미터

먹 이
플랑크톤, 유기물

특 징
크기에 비해 껍데기가 별로 단단하지 않음

    홍합이나 조개처럼 연체동물문, 이매패강에 속하는 바다 생물입니다. 한국, 일본 해역 등에 분포하지요. 주로 수심 10~20미터 안팎의 연안에 서식하는데, 바닥이 진흙으로 이루어진 환경을 좋아합니다.

    키조개는 곡식을 까부르는 농기구인 키와 모습이 닮았다고 해서 지금의 이름이 붙었습니다. 껍데기 기준으로 몸길이 20~30센티미터까지 자라나지요. 전체적으로 기다란 삼각형 모양인데, 우리나라 식용 조개 중 가장 커다랗습니다. 껍데기의 색깔은 거무스름한 회갈색이나 황갈색을 띠지요. 껍데기 안쪽 역시 검은색이면서 광택이 납니다.

    키조개는 평소 몸의 대부분을 바다 바닥 속 진흙에 묻고 살아갑니다. 그리고 수관을 이용해 플랑크톤과 유기물 등을 걸러 먹지요. 산란기는 7~8월로, 알에서 깨면 2~3주 정도 바닷속을 부유하다가 곧 부착 생활을 시작합니다.

48 투구게

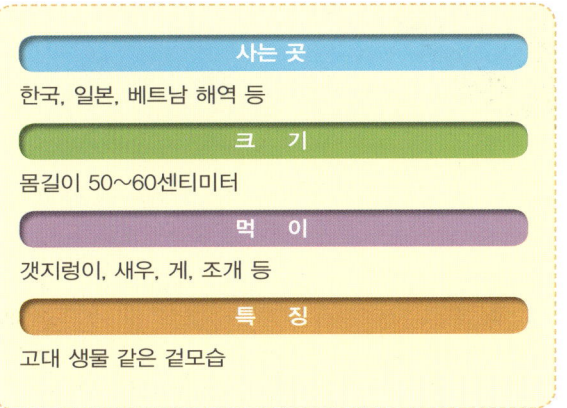

사는 곳
한국, 일본, 베트남 해역 등

크 기
몸길이 50~60센티미터

먹 이
갯지렁이, 새우, 게, 조개 등

특 징
고대 생물 같은 겉모습

절지동물문, 협각류강에 속하는 바다 생물입니다. 협각류는 몸 앞부분에 한 쌍의 가위 모양 뿔을 가진 동물군을 가리키지요. 투구게를 비롯해 전갈, 거미 따위가 해당됩니다. 투구게는 한국, 일본, 베트남 해역 등에 분포합니다. 육지와 가까운 연안이면서 바다 바닥이 모래나 진흙으로 이루어진 곳에 주로 서식하지요.

투구게는 고대 생물 같은 모습 때문에 '살아 있는 화석'이라는 별명으로 불리고는 합니다. 몸길이가 50~60센티미터까지 자라나지요. 몸은 머리가슴, 배, 꼬리의 세 부분으로 구분할 수 있습니다. 이 가운데 머리가슴과 배는 단단한 껍데기인 갑각으로 덮여 있지요. 여기에 머리가슴에는 모두 5개의 눈이 보입니다. 끝부분이 집게 모양으로 갈라진 5쌍의 걷는다리도 가졌고요. 투구게의 몸 색깔은 전체적으로 황갈색이나 녹갈색을 띱니다. 주로 갯지렁이, 새우, 게, 조개 등을 잡아먹고 살지요.

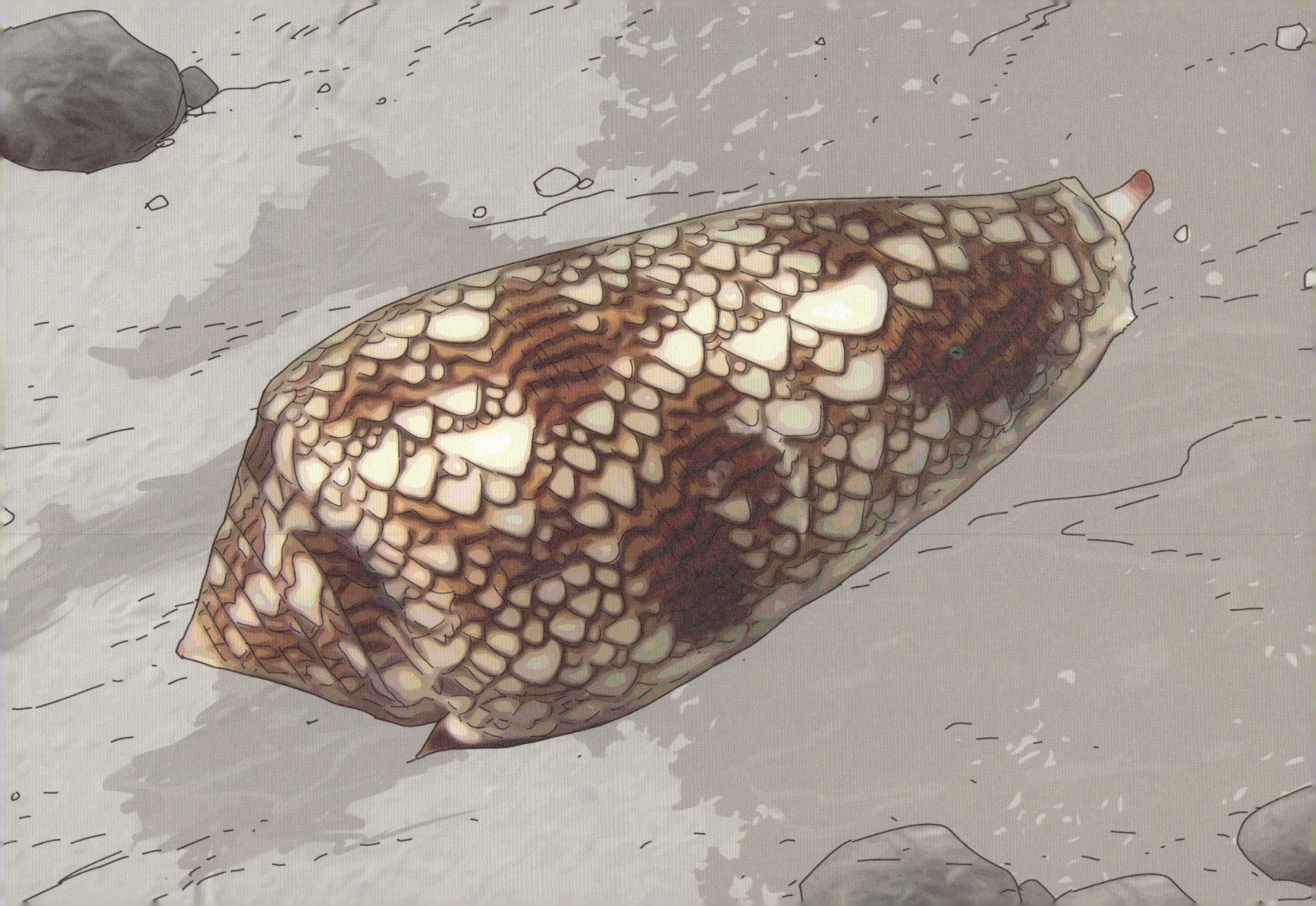

49
청자고둥

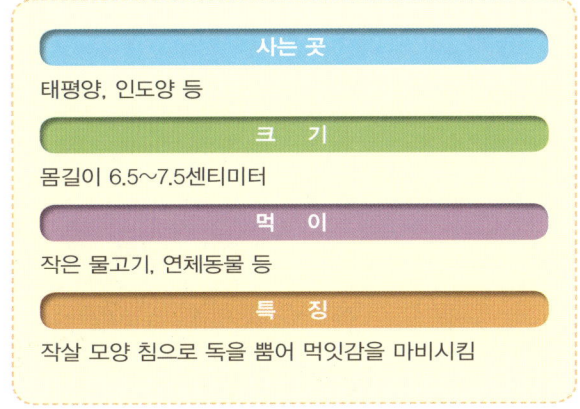

사는 곳
태평양, 인도양 등

크 기
몸길이 6.5~7.5센티미터

먹 이
작은 물고기, 연체동물 등

특 징
작살 모양 침으로 독을 뿜어 먹잇감을 마비시킴

 연체동물문, 복족류강에 속하는 바다 생물입니다. 청자고둥의 주요 먹이는 작은 물고기 등 다른 연체동물이지요. 몸집이 별로 크지 않으면서도 살아 움직이는 물고기를 사냥할 수 있는 이유는 독을 가졌기 때문입니다. 작살 모양의 침으로 독을 내뿜어 먹잇감을 단숨에 마비시킬 수 있습니다.

 청자고둥은 껍데기 기준으로 몸길이 6.5~7.5센티미터까지 자라납니다. 너비는 3.5센티미터 안팎이지요. 여느 고둥처럼 겉모습이 원뿔형이며, 껍데기 주둥이가 가늘고 길어 체층이 별로 크지 않습니다. 체층은 껍데기 주둥이에서 한 바퀴 돌아왔을 때 둘레가 가장 넓은 한 층을 일컫지요. 껍데기 색깔은 적자색 바탕에 적갈색 문양이 불규칙하게 퍼져 있습니다.

 청자고둥은 태평양, 인도양 등에 분포합니다. 주로 수온이 따뜻한 바다에 서식하지요. 바다 바닥에 모래가 쌓였으면서 바위와 산호초 등이 많은 환경을 좋아합니다.

50 가시면류관불가사리

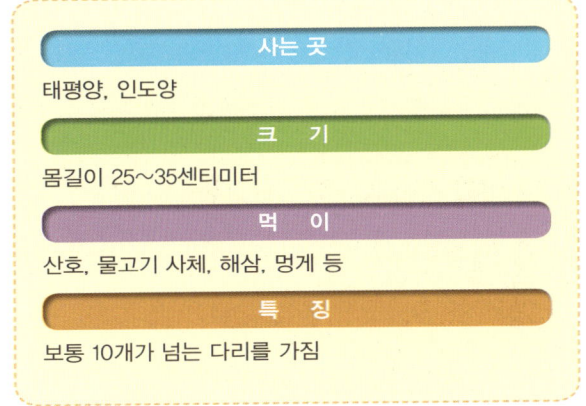

사는 곳
태평양, 인도양
크기
몸길이 25~35센티미터
먹이
산호, 물고기 사체, 해삼, 멍게 등
특징
보통 10개가 넘는 다리를 가짐

　극피동물문, 불가사리류강에 속하는 바다 생물입니다. 가시면류관불가사리는 이름에서 알 수 있듯 몸에 삐죽삐죽한 가시가 많습니다. 면류관은 왕이 쓰는 모자를 의미하니까, 실물을 보지 않더라도 충분히 그 생김새를 짐작할 수 있지요. 다른 이름으로 '가시왕관불가사리'라고 불리기도 합니다.

　가시면류관불가사리는 성체의 몸길이가 25~35센티미터 정도입니다. 무엇보다 온몸을 덮고 있는 2센티미터 안팎의 가시들이 눈길을 끌지요. 이 가시들은 날카로워 물렁한 바다 생물의 몸을 쉽게 뚫고 들어갑니다. 게다가 강한 독성이 있어 더 치명적이지요. 또한 대체로 다리가 5개인 여느 불가사리들과 달리, 10개가 넘는 다리를 가진 특징이 있습니다.

　가시면류관불가사리는 태평양과 인도양에 분포합니다. 주로 수심이 깊지 않으면서 산호가 많은 곳에 서식하지요. 주요 먹이는 산호, 물고기 사체, 해삼, 멍게 등입니다.

51

맨티스쉬림프

사는 곳
한국, 일본, 중국, 베트남, 필리핀 해역 등

크 기
몸길이 12~16센티미터

먹 이
조개, 골뱅이, 갯지렁이 등

특 징
입에 달려 있는 앞다리로 먹잇감의 껍데기를 깨뜨림

    절지동물문, 갑각류강에 속하는 바다 생물입니다. 우리말로는 '갯가재'라고 하지요. 지방에서는 딱새, 털치, 설개 등의 방언으로 불리기도 합니다. 우리나라를 비롯해 일본, 중국, 베트남, 필리핀 해역 등에 분포하지요. 주로 얕은 바다의 모래 바닥에 서식합니다.

    맨티스쉬림프의 몸길이는 12~16센티미터 정도입니다. 몸의 형태는 납작하며, 이마가 작고 머리가슴 뒤쪽이 넓은 편이지요. 그리고 무엇보다 큰 특징은 입에 달려 있는 앞다리라고 할 수 있습니다. 그것이 잘 발달해 먹잇감을 창처럼 찌르거나 칼처럼 날카롭게 할퀴는 방식으로 공격하지요. 맨티스쉬림프의 주요 먹이는 조개와 골뱅이인데, 앞다리의 강력한 공격으로 껍데기를 깨부수는 것입니다.

    맨티스쉬림프는 야행성으로, 조개와 골뱅이 외에 갯지렁이 등도 즐겨 잡아먹습니다. 몸 색깔은 담갈색 바탕에 회백색 반점이 흩어져 있지요. 산란기는 5~7월입니다.

52 전기조개

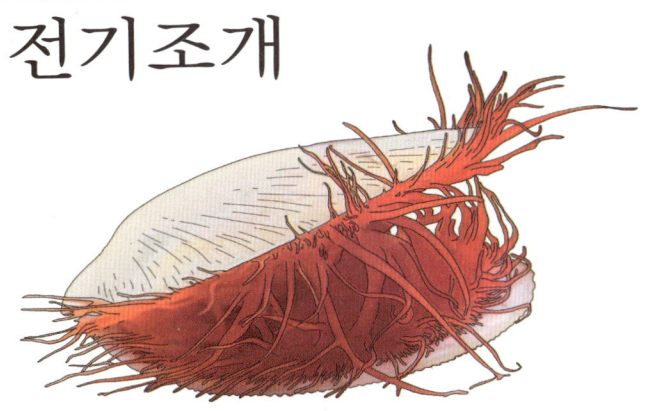

사는 곳
인도양, 태평양, 대서양의 열대 해역

크 기
몸길이 2~8센티미터

먹 이
플랑크톤, 바닷속 유기물 등

특 징
먹이를 유인하거나 천적을 위협하기 위해 빛을 냄

연체동물문, 이매패강에 속하는 바다 생물입니다. 인도양, 태평양, 대서양의 열대 해역에 널리 분포하지요. 마치 디스코볼처럼 빛을 반짝인다고 해서 '디스코조개'라는 재밌는 이름으로 불리기도 합니다. 수명은 3년 안팎으로 알려져 있지요.

전기조개의 몸길이는 2~8센티미터입니다. 무엇보다 빨간 머리카락 같은 촉수를 밖으로 펼치고 있는 모습이 눈길을 사로잡지요. 빨간 촉수들 때문에 조개가 불타오르는 것처럼 보일 정도입니다. 그 촉수는 먹이를 잡을 때 사용하지요.

전기조개의 껍데기 안에는 촉수 외에도 발이라고 할 수 있는 '부족'이 있습니다. 그것은 모래를 파고들거나 이동할 때 유용하게 쓰이지요. 물론 껍데기를 열었다 닫았다 하며 그 반동으로 움직이기도 하고요. 전기조개는 먹이를 유인하거나 천적을 위협하기 위해 빛을 내는 것으로 알려져 있습니다. 주요 먹이는 플랑크톤과 바닷속 유기물 등입니다.

폼폼크랩

사는 곳
인도양, 태평양의 열대 해역

크 기
몸길이 1~2.5센티미터(등딱지)

먹 이
바닷속 유기물, 바다 생물 사체의 찌꺼기 등

특 징
양쪽 집게다리로 말미잘을 들고 다님

   절지동물문, 연갑각류강에 속하는 바다 생물입니다. 인도양과 태평양의 열대 해역에 분포하지요. 주로 수심 2미터 이내인 얕은 바다의 바위틈에 서식합니다. 우리말로는 '가는손부채게'라고 부르지요. 또 다른 영어 이름은 '박서크랩'입니다.

   폼폼크랩은 등딱지 기준 몸길이가 1~2.5센티미터에 불과한 소형 게입니다. 갑각은 사다리꼴 모양이며, 연노란색이나 붉은색을 띠지요. 거기에 흑적색에 가까운 줄무늬가 여러 갈래로 나 있습니다. 또한 매우 작은 집게다리도 눈에 띄는 특징이지요.

   폼폼크랩은 양쪽 집게다리로 말미잘을 들고 다니는 독특한 습성이 있습니다. 천적이 나타나면 그것으로 공격하는 행동을 취하지요. 말미잘은 먹이 활동에도 이용하는데, 물속에서 말미잘을 흔들어 각종 유기물이 들러붙으면 떼어 먹습니다. 그 밖에 해양 바닥에 버려진 바다 생물 사체의 찌꺼기 등도 주요 먹이로 삼지요.

철갑둥어

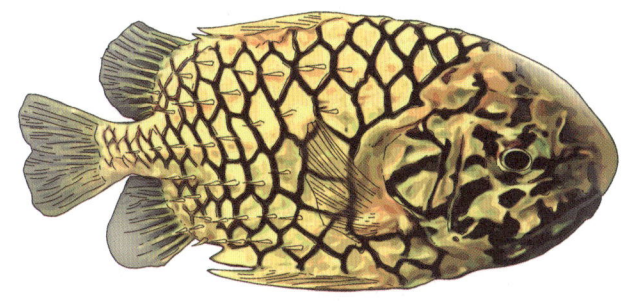

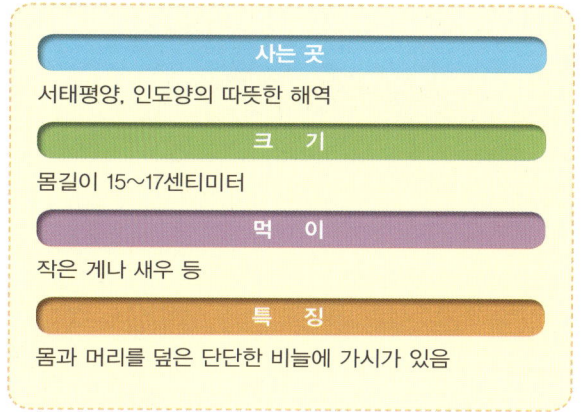

사는 곳
서태평양, 인도양의 따뜻한 해역
크 기
몸길이 15~17센티미터
먹 이
작은 게나 새우 등
특 징
몸과 머리를 덮은 단단한 비늘에 가시가 있음

척삭동물문, 경골어강에 속하는 바다 생물입니다. 서태평양과 인도양의 따뜻한 해역에 분포하지요. 우리나라의 경우 주로 제주도 부근 바다에서 찾아볼 수 있습니다. 수심 200미터 이내이면서 바위가 많은 곳에 서식하지요.

철갑둥어는 몸길이 15~17센티미터 정도입니다. 꼬리 부분을 제외한 몸과 머리가 단단한 비늘로 덮여 있지요. 모든 비늘에는 가시가 솟아 있기도 합니다. 등지느러미와 배지느러미에도 날카롭고 단단한 가시를 숨기고 있지요. 바로 그와 같은 겉모습 때문에 지금의 이름으로 불리게 된 것입니다. 또한 주둥이 끝이 둥글고, 아래턱 밑에 발광기관을 가진 것도 개성 있는 모습이지요. 몸 색깔은 전체적으로 연노란색을 띱니다.

철갑둥어는 흔히 수십 마리씩 무리지어 생활합니다. 작은 게나 새우 등을 주요 먹이로 삼지요. 부레로 소리를 내는 점도 주목할 만한 특징입니다.

데코레이터크랩

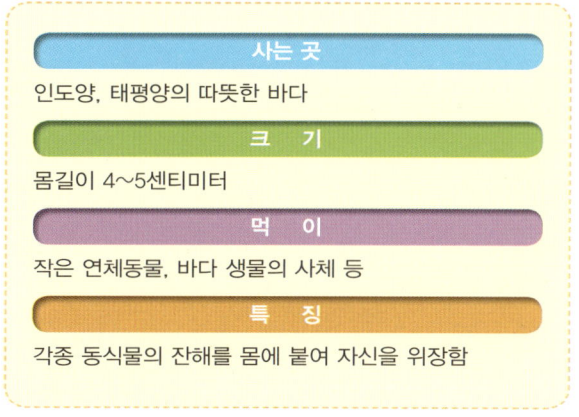

사는 곳
인도양, 태평양의 따뜻한 바다

크 기
몸길이 4~5센티미터

먹 이
작은 연체동물, 바다 생물의 사체 등

특 징
각종 동식물의 잔해를 몸에 붙여 자신을 위장함

절지동물문, 갑각류강에 속하는 바다 생물입니다. 인도양, 태평양의 따뜻한 바다에 분포하지요. 주로 해양 바닥에 바위나 작은 돌, 모래가 많은 곳에 서식합니다.

데코레이터크랩은 등딱지 기준 몸길이가 4~5센티미터 정도입니다. 몸 색깔은 연노랑이나 연한 갈색, 주황빛을 띠지요. 무엇보다 이 게는 바닷속에 있는 산호나 해조류, 각종 부유물 등을 몸에 붙여 자신을 위장하는 습성이 있습니다. 지금의 이름도 그와 같은 독특한 생태 때문에 붙었지요. 데코레이터크랩은 몸에 짧고 부드러운 털이 가득 나 있어 이런저런 동식물의 잔해를 붙이고 다니기 안성맞춤입니다. 그 덕분에 포식자들로부터 자신을 보호할 수 있으며, 먹잇감을 포획하는 데도 큰 도움이 되지요.

데코레이터크랩은 몸을 위장한 채 자갈 속이나 바위틈에 숨어 지내기를 좋아합니다. 주요 먹이는 작은 연체동물과 바다 생물의 사체 등이지요.

56
흰동가리

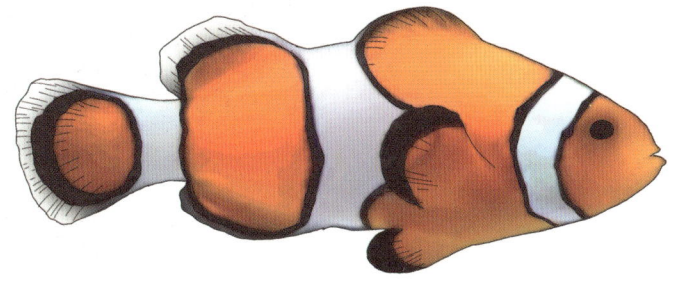

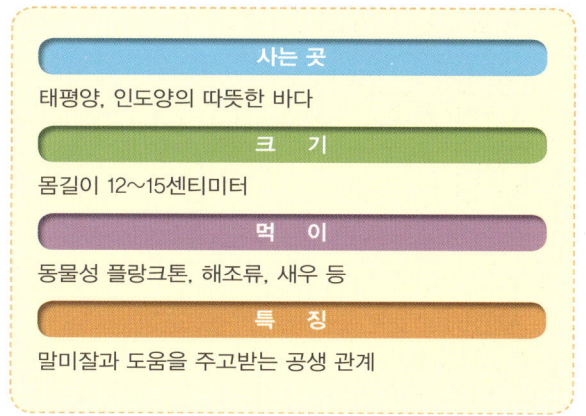

사는 곳
태평양, 인도양의 따뜻한 바다

크 기
몸길이 12~15센티미터

먹 이
동물성 플랑크톤, 해조류, 새우 등

특 징
말미잘과 도움을 주고받는 공생 관계

척삭동물문, 경골어강에 속하는 바다 생물입니다. 말미잘이 많은 해역에서 자주 발견되지요. 말미잘이 영어로 '씨 아네모네'인 까닭에 '아네모네피시'라고도 부릅니다. 흰동가리의 주요 분포지는 태평양과 인도양입니다. 수온 25~28도 정도의 따뜻한 바다를 좋아하며, 주로 수심 10미터 남짓한 얕은 바다에 서식하지요.

흰동가리는 말미잘과 서로 도움을 주고받는 공생 관계에 있습니다. 흰동가리가 눈에 잘 띄는 외모로 먹잇감을 유인해주는 대신, 말미잘은 천적을 피해 자신에게 숨어드는 흰동가리를 독침을 이용해 보호해주지요. 아울러 흰동가리의 주요 먹이는 동물성 플랑크톤, 해조류, 새우 등이지만 종종 말미잘이 먹고 남긴 찌꺼기를 해치우기도 합니다.

흰동가리는 몸길이 12~15센티미터까지 자라납니다. 몸의 형태는 타원형에, 옆으로 납작한 모습이지요. 또한 밝은 오렌지색 몸에 3개의 하얀 줄무늬가 있는 겉모습이 눈에 띕니다.

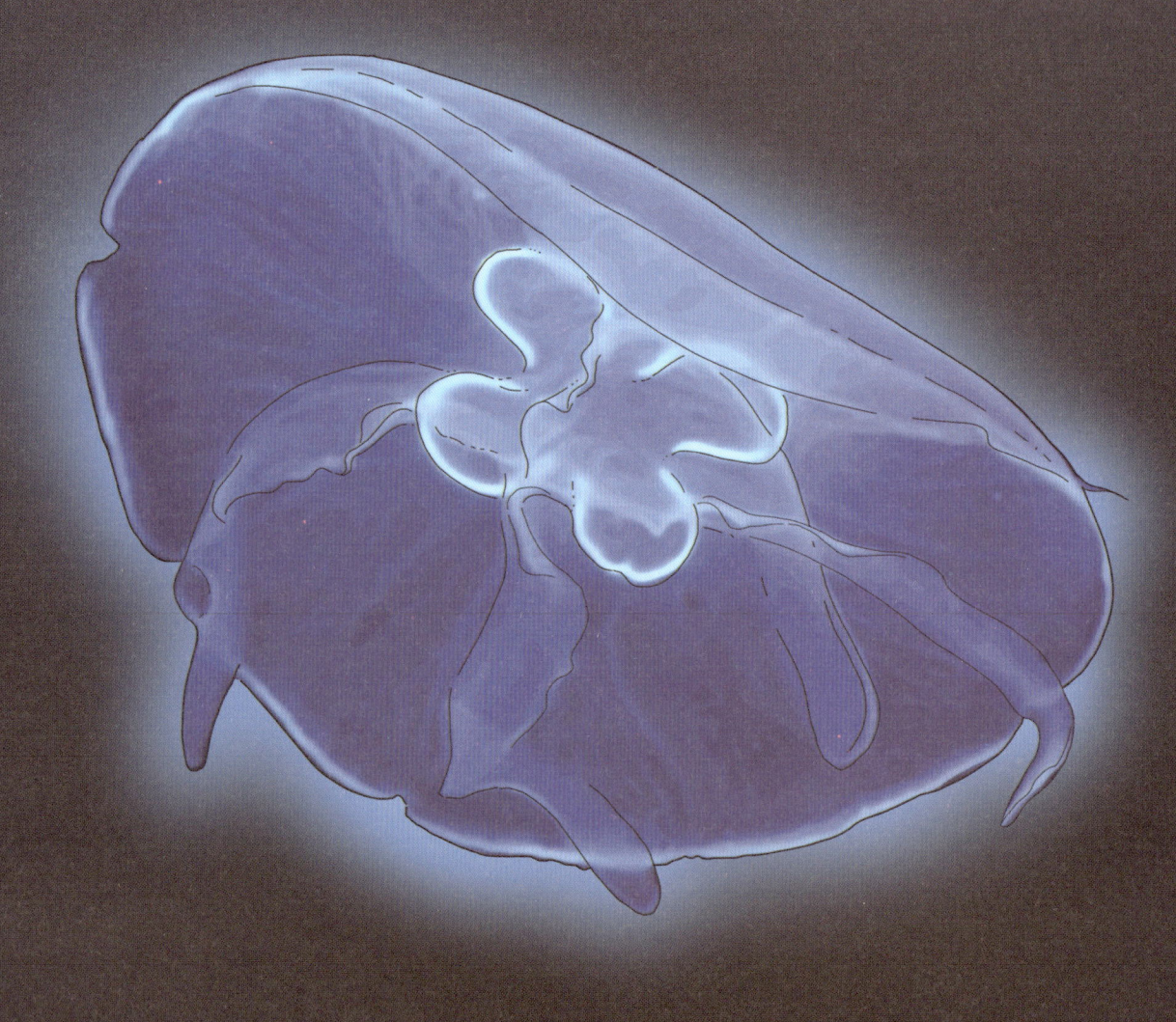

57

보름달물해파리

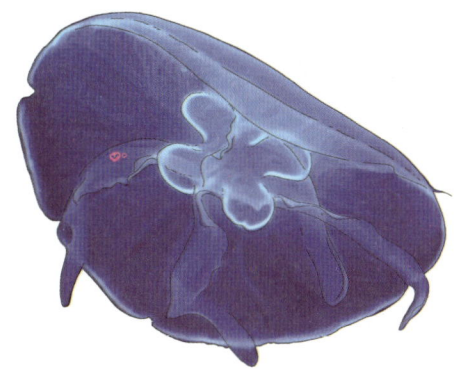

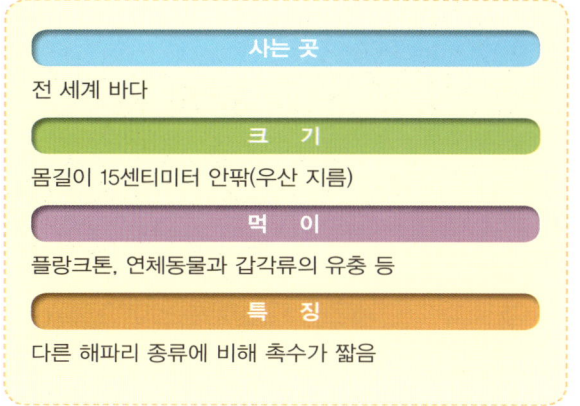

사는 곳
전 세계 바다

크 기
몸길이 15센티미터 안팎(우산 지름)

먹 이
플랑크톤, 연체동물과 갑각류의 유충 등

특 징
다른 해파리 종류에 비해 촉수가 짧음

    강장동물문, 해파리강에 속하는 바다 생물입니다. 전 세계 바다에 분포하며, 수온 9~20도 정도의 환경을 가장 좋아합니다. 하지만 그보다 수온이 높거나 낮아도 잘 적응하고, 바닷물의 염도가 낮아도 거뜬히 생존하지요.

    보름달물해파리의 우산 지름은 15센티미터 안팎입니다. 개체에 따라서는 30센티미터에 달하는 것도 있지요. 우산 안에 특정한 무늬가 있으며, 몸 색깔은 무색 투명합니다. 또한 집단 서식하는 습성이 있고, 다른 해파리 종류에 비해 촉수가 짧은 편이지요. 촉수의 길이가 2~3센티미터밖에 되지 않습니다.

    보름달해파리는 헤엄치는 속도가 느립니다. 여유만만하게 바닷속을 유영하면서 촉수에 걸려드는 플랑크톤을 비롯해 연체동물과 갑각류의 유충 등을 먹이로 삼지요. 자포가 많은 촉수로 먹이를 잡아 점액으로 묶은 뒤 소화를 담당하는 위수강으로 내려 보냅니다.

58

딱새우

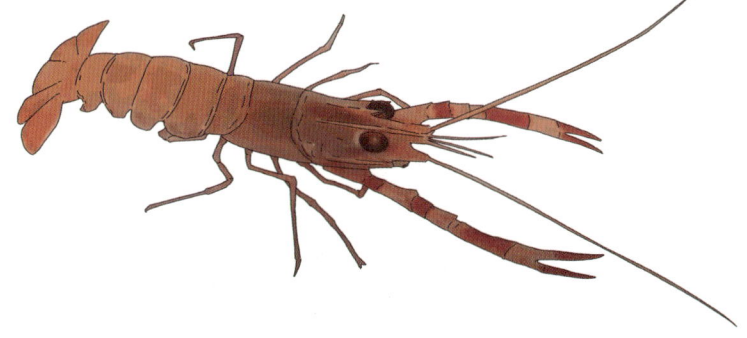

사는 곳
한국, 일본, 중국, 대만, 필리핀 해역 등

크 기
몸길이 12센티미터 안팎

먹 이
바다 생물의 사체나 그 찌꺼기 등

특 징
몸에 보이는 몇 개의 빨간 띠무늬

    절지동물문, 연갑각류강에 속하는 바다 생물입니다. 한국, 일본, 중국, 대만, 필리핀 해역 등에 분포하지요. 주로 바닥이 모래와 진흙으로 이루어진 얕은 바다에 서식합니다. 다른 이름으로 '가시발새우'라고도 불리지요.
    딱새우는 몸길이 12센티미터 안팎입니다. 커다란 집게다리에, 몸에는 몇 개의 빨간 띠무늬가 보이지요. 머리와 가슴을 덮은 껍데기가 단단하며, 길고 뾰족한 이마뿔을 가진 특징도 있습니다. 몸 색깔은 전체적으로 연한 주황색을 띠지요.
    딱새우는 보통 바다 밑 모래나 진흙에 굴을 파고 생활합니다. 자기보다 작은 물고기나 갑각류를 포획하기도 하지만, 대부분 바다 생물의 사체나 그 찌꺼기를 먹이로 삼지요. 일종의 바다 청소부 역할을 하는 셈입니다. 산란기는 6~7월로 알려져 있지요. 요즘은 우리나라에서 식용으로도 인기를 끌고 있습니다.

파란고리문어

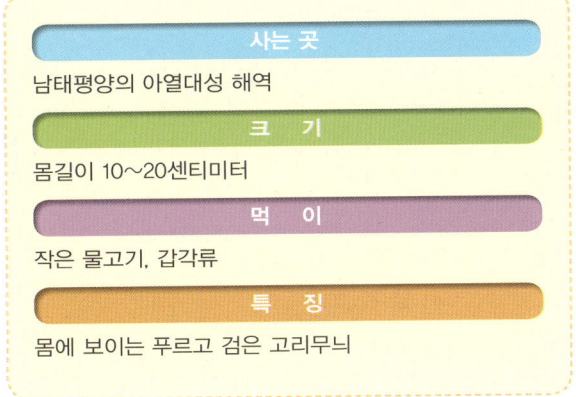

사는 곳
남태평양의 아열대성 해역
크 기
몸길이 10~20센티미터
먹 이
작은 물고기, 갑각류
특 징
몸에 보이는 푸르고 검은 고리무늬

    연체동물문, 두족류강에 속하는 바다 생물입니다. 남태평양의 아열대성 해역에 분포하지요. 바위가 많은 서식 환경을 좋아합니다. '푸른점문어' 또는 '표범문어'라고도 불리지요. 몸 색깔이 전체적으로 노란색이나 황갈색을 띠는데, 거기에 푸르고 검은 둥근 무늬가 있어 지금의 이름이 붙었습니다.

    파란고리문어의 몸길이는 10~20센티미터 정도입니다. 야행성으로, 낮에는 바위 사이에 숨어 있다가 밤이 되면 활동해 게나 새우 같은 갑각류와 작은 물고기를 잡아먹지요. 먹잇감을 쫓아다니기보다는 자기의 서식지에 다가오는 상대를 포획하는 경우가 많습니다. 복어 이상 가는 매우 강력한 독을 갖고 있어 먹잇감을 순식간에 꼼짝 못하게 만들지요. 또한 파란고리문어는 무리를 이루지 않고 단독생활을 하며, 여느 문어처럼 위장술이 뛰어납니다. 천적이 나타나면 푸르고 검은 무늬가 더욱 선명해지는 특징도 있지요.

흉내문어

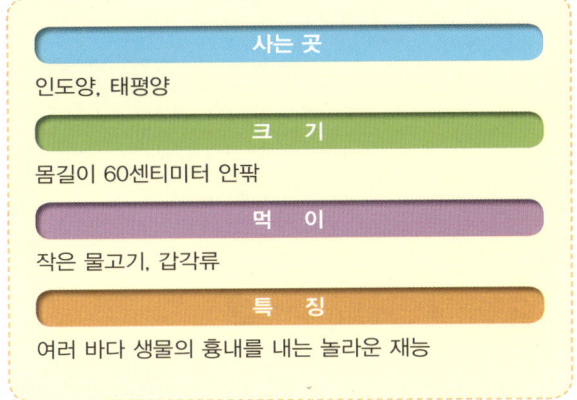

사는 곳
인도양, 태평양

크기
몸길이 60센티미터 안팎

먹이
작은 물고기, 갑각류

특징
여러 바다 생물의 흉내를 내는 놀라운 재능

    연체동물문, 두족류강에 속하는 바다 생물입니다. 인도양과 태평양에 분포하지요. 1998년 인도네시아에서 처음 발견되어 사람들에게 알려진 문어입니다. 이름에서 짐작하듯, 여러 생물의 흉내를 내는 데 재능이 있지요. 많은 바다 생물이 천적을 피하거나 사냥하기 위해 자신을 위장하지만, 흉내문어는 그 솜씨가 훨씬 더 탁월합니다. 이를테면 바다뱀이나 해파리를 흉내 내 자기를 위협하는 상대가 겁을 먹고 달아나게 하지요.

    흉내문어의 몸길이는 다리를 포함해 60센티미터 안팎에 이릅니다. 눈에는 작은 뿔이 튀어나와 있고, 여느 문어처럼 8개의 다리를 가졌지요. 또한 모래와 진흙이 깔린 서식 환경을 좋아해 평소 몸 색깔은 갈색을 띠지만 상황에 따라 간단히 변신하는 모습을 보입니다. 아울러 수영 실력이 뛰어나 먹이 활동에 큰 도움이 되는데, 주로 작은 물고기와 갑각류 등을 먹이로 삼지요.

61
블롭피시

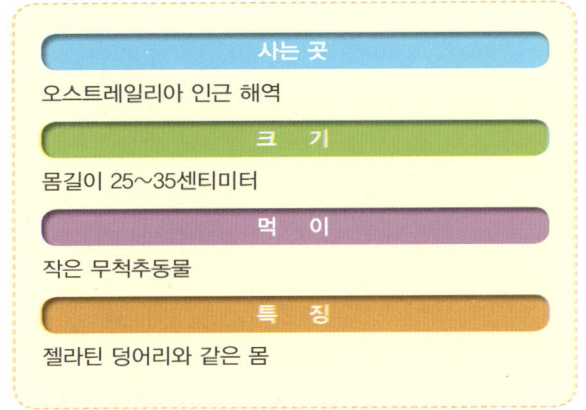

사는 곳
오스트레일리아 인근 해역

크 기
몸길이 25~35센티미터

먹 이
작은 무척추동물

특 징
젤라틴 덩어리와 같은 몸

척삭동물문, 조기어강에 속하는 바다 생물입니다. 오스트레일리아 인근 해역에 분포하지요. 수심 600~1,200미터 바다에 서식하는 심해 어류입니다. 종종 세상에서 가장 못생긴 동물로 선정될 만큼 개성 있는 모습이지요.

블롭피시의 몸길이는 25~35센티미터 정도입니다. 이 물고기의 살은 물보다 밀도가 조금 낮고 신축성 있는 젤라틴 덩어리지요. 덕분에 깊은 바다 속에서 부력을 유지하며 생활하는 것이 가능합니다. 에너지 소비를 최소화하면서 수중에 떠다닐 수 있다는 말이지요. 주요 먹이는 역시 심해에서 살아가는 작은 무척추동물입니다.

블롭피시의 몸 색깔은 바닷속에 있을 때 연한 갈색을 띱니다. 그런데 심해보다 수압이 훨씬 낮은 수면 밖으로 꺼내놓으면 분홍빛으로 변하지요. 아울러 급격한 수압의 변화 탓에 몸이 팽창하면서 죽음을 맞게 됩니다.

초롱아귀

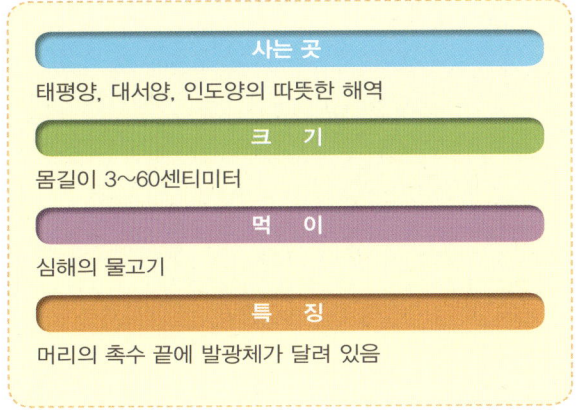

사는 곳
태평양, 대서양, 인도양의 따뜻한 해역

크 기
몸길이 3~60센티미터

먹 이
심해의 물고기

특 징
머리의 촉수 끝에 발광체가 달려 있음

    척삭동물문, 조기어강에 속하는 바다 생물입니다. 태평양, 대서양, 인도양의 따뜻한 해역에 분포하지요. 수심 800미터 이상 되는 깊은 바다에만 서식하는 심해어입니다. 우리가 흔히 요리해 먹는 아귀와 달리 식용으로는 이용하지 않지요.

    초롱아귀는 암수의 몸길이가 매우 다릅니다. 수컷의 경우 3~4센티미터에 불과하지만 암컷은 60센티미터 안팎까지 성장하지요. 또한 눈이 아주 작고, 배지느러미가 없다는 점도 주목할 만합니다. 몸의 형태는 럭비공 같은 모양이며, 피부에 드문드문 단단한 돌기가 솟아 있지요. 몸 색깔은 전체적으로 흑자색을 띱니다.

    초롱아귀는 암수 모두 머리의 촉수 끝에 달린 발광체로 물고기 등 사냥감을 유인하는 특징이 있습니다. 또 먹잇감이 부족한 깊은 바닷속에서 움직임을 최소화해 에너지 낭비를 줄이는 습성도 있지요. 오랫동안 굶어도 생존하는 능력이 뛰어납니다.

산갈치

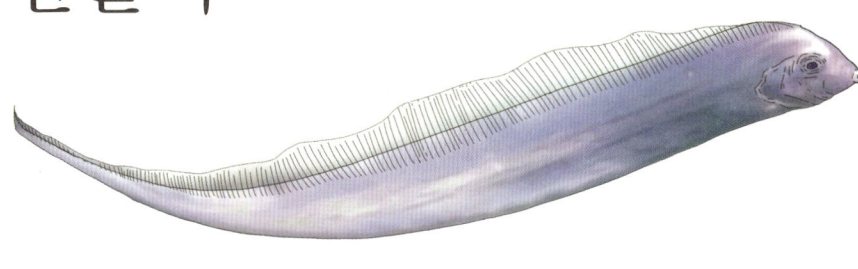

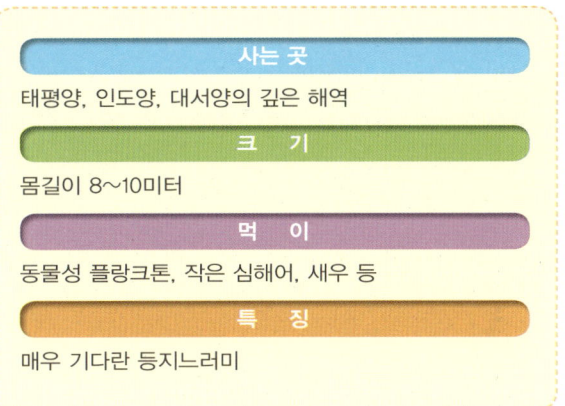

사는 곳
태평양, 인도양, 대서양의 깊은 해역

크 기
몸길이 8~10미터

먹 이
동물성 플랑크톤, 작은 심해어, 새우 등

특 징
매우 기다란 등지느러미

척삭동물문, 경골어강에 속하는 바다 생물입니다. 태평양, 인도양, 대서양의 깊은 바다에 분포하지요. 수심 400~500미터에 사는 심해어 중 하나로, 주로 바닥에 모래와 진흙이 깔린 환경을 좋아합니다.

산갈치는 몸길이가 8~10미터까지 자라나는 큰 물고기입니다. 지금까지 발견된 경골어류 중 가장 긴 것으로 알려져 있지요. 몸의 형태는 여느 갈치 같은 띠 모양으로, 길고 옆으로 납작합니다. 몸에는 돌기가 솟아 있으며, 눈 바로 윗부분이 돌출되어 있지요. 이빨과 비늘, 부레는 보이지 않습니다. 또한 기다란 등지느러미가 아주 독특한 모습이고, 아래턱이 위턱보다 조금 앞쪽에 있지요.

산갈치의 몸 색깔은 은색 바탕에 검은색 무늬가 흩어져 있습니다. 지느러미는 모두 연한 붉은색을 띠지요. 주요 먹이는 동물성 플랑크톤과 작은 심해어, 새우 등입니다.

64
실러캔스

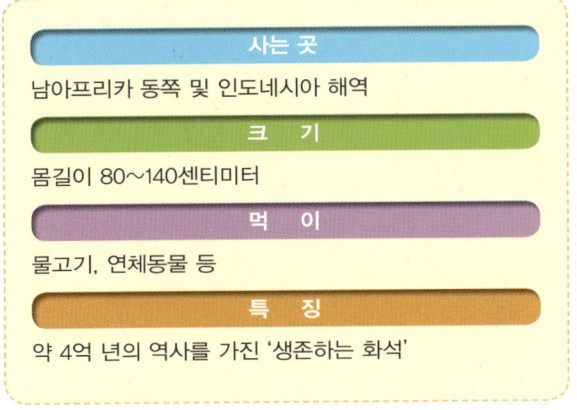

사는 곳
남아프리카 동쪽 및 인도네시아 해역

크 기
몸길이 80~140센티미터

먹 이
물고기, 연체동물 등

특 징
약 4억 년의 역사를 가진 '생존하는 화석'

척삭동물문, 육기어강에 속하는 바다 생물입니다. 약 4억 년 전 지구상에 처음 나타난 실러캔스는 한동안 멸종한 것으로 알려졌지요. 그러나 1938년, 남아프리카 동쪽 해안에서 어부들에 의해 포획되어 그 존재가 확인되었습니다. 그 후 인도네시아 해역에서도 발견되었지요. 학자들은 이 물고기에게 '생존하는 화석'이라는 별명을 붙여 주었습니다. 수명이 60~100년에 이를 만큼 길다고 하지요.

실러캔스는 지느러미 구조가 특이합니다. 그래서 마치 물속을 걷는 것처럼 보일 때가 있지요. 몸에는 단단한 비늘이 덮여 있고, 기름이 차 있는 폐를 가졌습니다. 전기 신호를 감지하는 능력이 있어 먹이 활동에 이용하기도 하지요. 실러캔스는 야행성 어류라서 낮에는 바위틈에 몸을 숨기고 있는 경우가 많습니다. 또한 번식기에는 뱃속에서 알을 부화시켜 새끼로 낳는 난태생 어류지요.

덤보문어

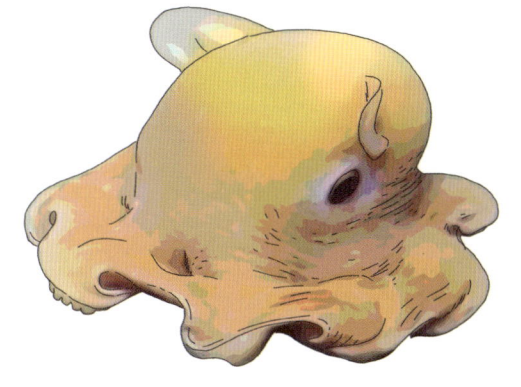

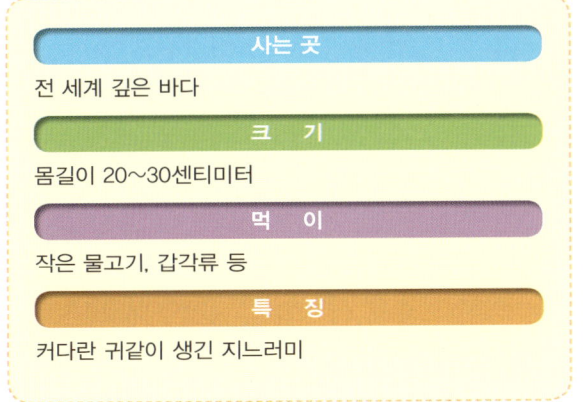

사는 곳
전 세계 깊은 바다

크 기
몸길이 20~30센티미터

먹 이
작은 물고기, 갑각류 등

특 징
커다란 귀같이 생긴 지느러미

　연체동물문, 두족류강에 속하는 바다 생물입니다. 전 세계의 깊은 바다에 분포하지요. 대체로 수심 1천 미터가 넘는 심해에 서식합니다. 디즈니 영화에 나오는 코끼리 캐릭터 '덤보'의 이름을 붙인 이유는 생김새가 아주 귀엽기 때문입니다.

　덤보문어의 몸길이는 20~30센티미터 정도입니다. 외형적 특징으로는 가장 먼저 커다란 귀같이 생긴 지느러미를 들 수 있지요. 덤보문어는 그것을 팔랑거리며 바닷속을 유유히 헤엄쳐 다닙니다. 몸 색깔은 환경에 따라 다양하게 달라지므로 어느 한 가지로 규정하기 어렵지요. 몸은 한천질로 이루어져 충격에 약하고, 다른 문어처럼 먹물을 내뿜지는 못합니다.

　덤보문어는 대부분의 시간을 바다 바닥에서 생활하며 작은 물고기와 갑각류 등을 주요 먹이로 삼습니다. 번식기에는 여느 문어와 달리 자기가 낳은 알을 보호하지 않지요. 알에서 부화한 새끼는 곧바로 독립적인 먹이 활동을 합니다.

개복치

사는 곳
전 세계 온대 및 열대 해역

크 기
몸길이 180~360센티미터

먹 이
해파리, 동물성 플랑크톤, 오징어, 새우, 작은 물고기 등

특 징
부레가 없음

척삭동물문, 경골어강에 속하는 바다 생물입니다. 전 세계의 따뜻한 바다에 분포합니다. 대부분 수심 200미터 이하에 서식하는데, 이따금 600미터 정도까지 내려가기도 하지요. 수족관에서 키우면 10년 가까이 사는 개체도 있다고 합니다.

개복치는 몸길이 180~360센티미터에 이르는 커다란 어류입니다. 몸 색깔은 등 부분이 검은빛을 띠는 푸른색이고, 배 부분은 회백색이지요. 몸은 옆으로 납작한 타원형이며 눈과 입, 아가미구멍이 작습니다. 등지느러미와 꼬리지느러미가 기다랗고, 가슴지느러미가 작으며, 배지느러미가 없지요. 또한 부레가 없는 점도 중요한 특징 중 하나입니다. 부레는 공기주머니 역할을 해 물속에서 위아래로 이동하는 데 쓰이지요.

개복치의 주요 먹이는 해파리, 동물성 플랑크톤, 오징어, 새우, 작은 물고기 등입니다. 번식기의 암컷은 한 번에 무려 3억 개의 알을 낳는 것으로 알려져 있지요.

67
성대

사는 곳
한국, 일본, 중국, 대만, 뉴질랜드 등

크 기
몸길이 25~40센티미터

먹 이
새우, 갯가재, 작은 물고기 등

특 징
가슴지느러미로 바다 바닥을 걸어 다니며 먹이 활동을 함

척삭동물문, 경골어강에 속하는 바다 생물입니다. 한국, 일본, 중국, 대만, 뉴질랜드 해역에 분포하지요. 주로 수심 100미터 정도의 바다에 서식합니다.

성대는 길고 커다랗게 변형된 가슴지느러미로 바다 바닥을 걸어 다니며 먹이 활동을 하는 독특한 모습을 보입니다. 주요 먹이는 새우, 갯가재, 작은 물고기 등이지요. 이따금 해가 지고 나면 부레를 이용해 개구리 울음 같은 소리를 내는 습성도 있습니다.

성대는 몸길이 25~40센티미터까지 성장합니다. 원통형 몸에 크고 단단한 머리를 가졌으며, 주둥이 끝에 몇 개의 작은 가시가 있지요. 머리 위쪽에 위치한 눈과 잘 발달된 지느러미들도 눈에 띄는 특징입니다. 특히 두 번째 등지느러미와 뒷지느러미는 서로 대칭을 이룬 듯한 모습이지요. 몸에는 작고 둥근 비늘이 덮여 있습니다. 성대의 등 부분 몸 색깔은 붉은 반점이 흩어져 있는 회갈색이며, 배 쪽은 농도가 옅어져 일부 은백색을 띠지요.

매미새우

사는 곳
태평양과 인도양의 따뜻한 바다

크 기
몸길이 30~50센티미터

먹 이
연체동물과 조개, 고둥, 골뱅이 등

특 징
여느 새우보다 단단한 갑각을 가짐

 절지동물문, 갑각류강에 속하는 바다 생물입니다. 태평양과 인도양의 따뜻한 바다에 분포하지요. 주로 해양 바닥에 서식합니다. 얼핏 매미와 겉모습이 비슷해 보여 지금의 이름이 붙었지요.

 매미새우는 몸길이 30~50센티미터 정도입니다. 몸의 형태는 넓적하며, 단단한 갑각으로 둘러싸여 있지요. 머리는 5개 마디로 되어 있고, 갑각에는 작은 돌기가 가득 솟아 있습니다. 그리고 그 주위에 촘촘히 나 있는 짧은 털이 보이지요. 매미새우의 몸 색깔은 전체적으로 보랏빛을 띠는 갈색입니다.

 매미새우는 야행성입니다. 낮에는 바다 바닥의 바위틈에 숨어 있다가 밤에 나와 먹이 활동을 하지요. 주요 먹이는 연체동물과 조개, 고둥, 골뱅이 등입니다. 여느 새우보다 단단한 갑각을 가진 점은 천적들로부터 자신을 보호하는 데 도움이 되지요.

납서대

사는 곳
한국, 일본 등의 따뜻한 바다

크 기
몸길이 12센티미터 안팎

먹 이
다른 물고기의 알, 갑각류 유충, 플랑크톤 등

특 징
오른쪽에 몰려 있는 두 눈

　척삭동물문, 경골어강에 속하는 바다 생물입니다. 우리나라와 일본 등의 따뜻한 바다에 분포하지요. 수심 200미터 안팎이면서, 바닥에 모래나 진흙이 깔린 환경을 좋아합니다. 몸의 형태가 광어, 가자미와 비슷하지요. 흔히 납서대와 더불어 참서대를 그냥 서대라고 통틀어 부르기도 합니다.

　서대는 보통 몸길이가 20~30센티미터 정도입니다. 그에 비해 납서대는 12센티미터 안팎으로 작지요. 몸이 긴 타원형이면서 옆으로 납작하며, 누런 갈색 바탕에 검은 갈색의 얼룩무늬가 있습니다. 입은 배 쪽에 구부러져 있고, 두 눈은 오른쪽에 몰려 있지요. 가슴지느러미는 흔적만 남은 모습이고요.

　납서대의 산란 시기는 봄과 여름입니다. 주요 먹이는 다른 물고기의 알과 갑각류 유충, 플랑크톤 등이지요. 참고로, 서대는 동물의 혓바닥을 닮았다는 의미입니다.

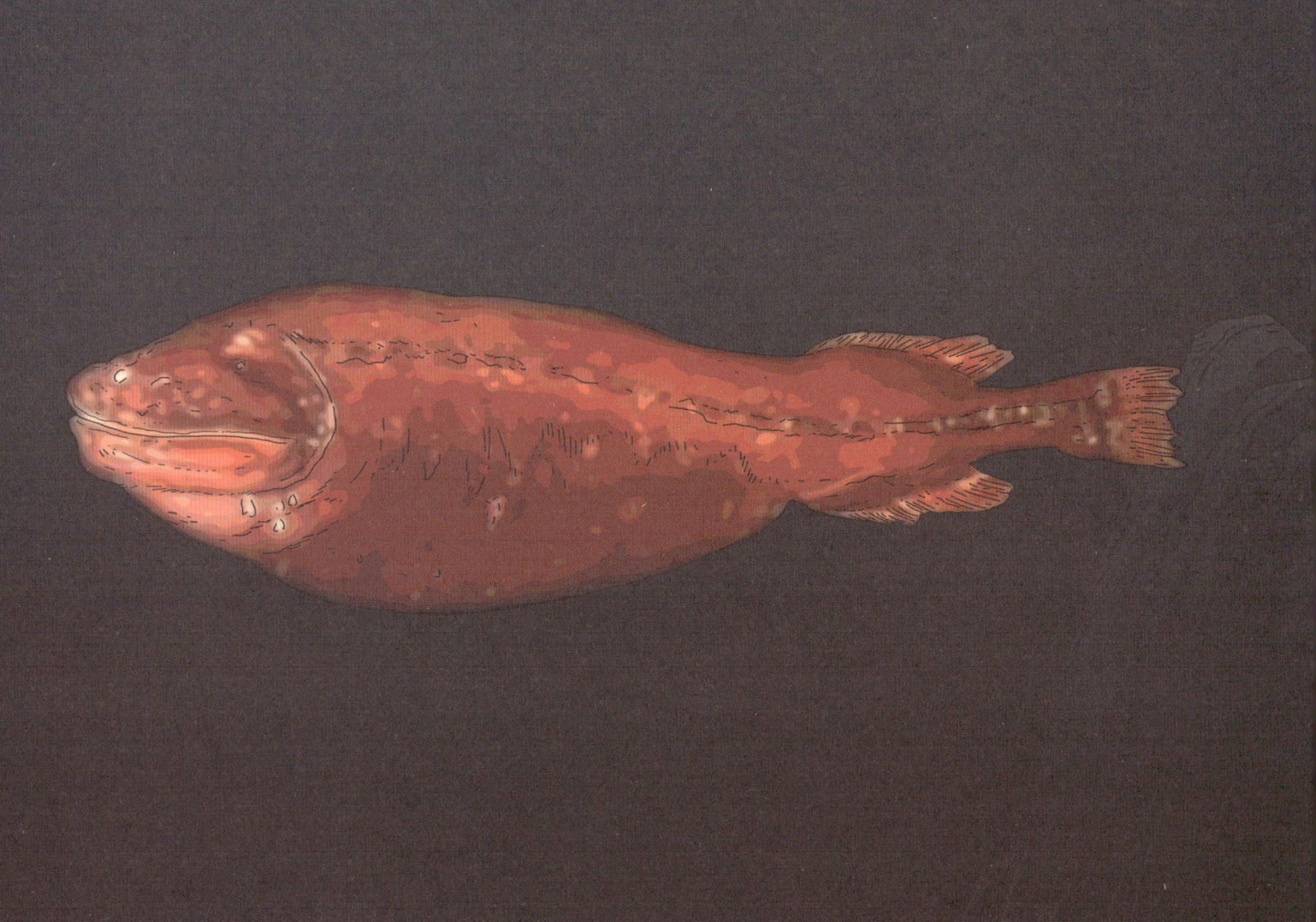

70
웨일피시

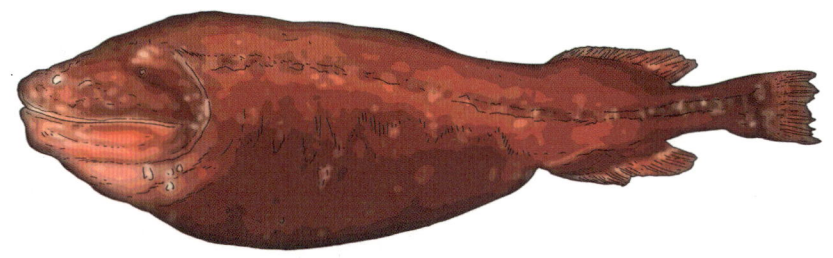

사는 곳
미국 캘리포니아 해역 등 따뜻한 바다

크 기
몸길이 3~40센티미터

먹 이
심해의 플랑크톤, 새우 등

특 징
성별과 나이에 따라 모습이 달라짐

　척삭동물문, 조기어강에 속하는 바다 생물입니다. 웨일피시, 그러니까 '고래물고기'는 '케토미무스'라고도 합니다. 몸에 비해 큰 입과 유선형 체형이 고래와 비슷해 붙여진 이름이지요. 최대 수심 3,500미터에 이르는 심해에 서식하는 어류로 알려져 있습니다. 거의 사람의 눈에 띄지 않아 아직 그 생태가 밝혀지지 않은 점이 많지요.

　웨일피시는 성별과 나이에 따라 형태부터 달라진다고 합니다. 오죽하면 그동안 학자들이 나이에 따른 차이를 다른 종으로 착각했을 정도지요. 또한 웨일피시는 성별에 따른 차이도 큰데, 수컷은 몸에 비늘이 돋아나고 입이 아주 작은 모습입니다. 코 부분이 부푼 것처럼 보이기도 하고요. 암컷은 3~4센티미터에 그치는 수컷보다 몸이 커서 약 40센티미터까지 자라납니다. 암수 모두 몸 양쪽에 있는 측선 덕분에 수압을 견디며 헤엄칠 수 있지요. 주요 먹이는 심해에 사는 플랑크톤, 새우 같은 요각류입니다.

71

황제천사고기

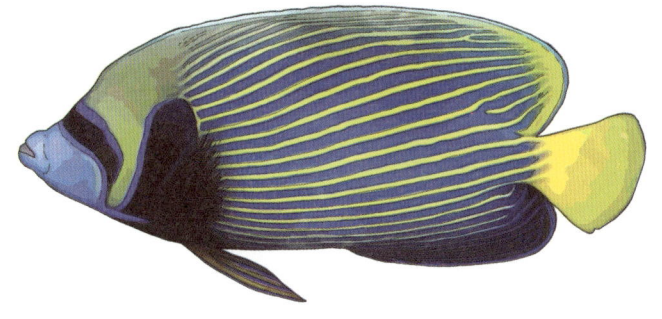

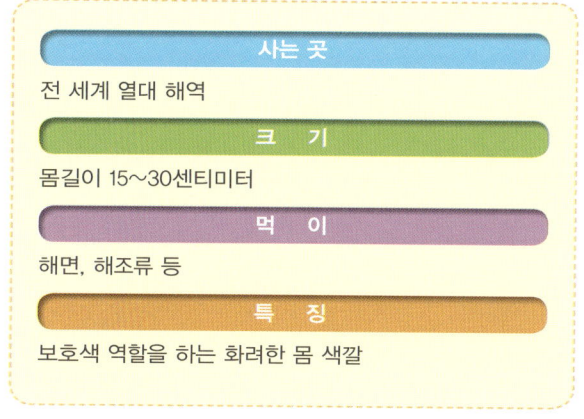

사는 곳
전 세계 열대 해역
크 기
몸길이 15~30센티미터
먹 이
해면, 해조류 등
특 징
보호색 역할을 하는 화려한 몸 색깔

   척삭동물문, 조기어강에 속하는 바다 생물입니다. 전 세계 열대 해역에 분포합니다. 주변 환경에 적응하며 화려한 몸 색깔을 나타내지요. 몸 색깔에 황색과 청색 등이 어우러지고, 형광색 줄무늬가 보이기도 합니다. 그 모습이 매우 아름다워 이름에 '천사'라는 수식어가 붙게 됐지요.

   황제천사고기는 어릴 때 동그랗고 커다란 눈알 모양의 무늬를 내보입니다. 그것은 천적들의 접근을 막는 데 도움이 되지요. 그러다가 성장하면 주변 산호초 등에 자신을 숨기기 좋게 화려한 몸 색깔을 갖게 되는 것입니다.

   황제천사고기의 몸길이는 15~30센티미터까지 자라납니다. 집단생활보다는 단독생활, 또는 암수 한 쌍이 어울려 다니는 경우가 많지요. 겉보기와 다르게 친화력은 썩 좋지 않습니다. 주요 먹이는 해면과 해조류 등입니다.

제비활치

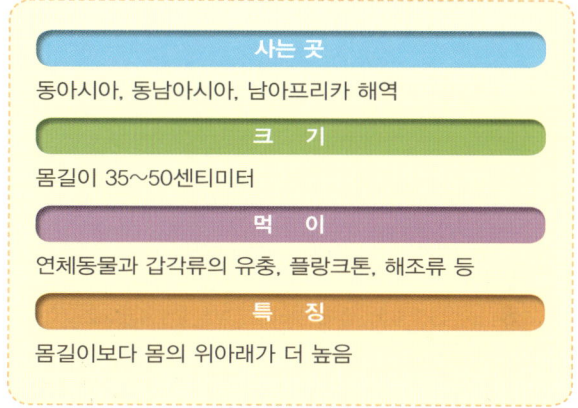

사는 곳
동아시아, 동남아시아, 남아프리카 해역
크 기
몸길이 35~50센티미터
먹 이
연체동물과 갑각류의 유충, 플랑크톤, 해조류 등
특 징
몸길이보다 몸의 위아래가 더 높음

척삭동물문, 경골어강에 속하는 바다 생물입니다. 동아시아와 동남아시아 해역 등에 분포하지요. 멀리 남아프리카의 바다에서도 찾아볼 수 있습니다. 열대성 어류라서 수온이 높은 환경을 좋아하지요.

제비활치의 몸길이는 35~50센티미터까지 자라납니다. 몸의 형태는 옆으로 납작한 모습이며, 몸길이보다 몸의 위아래가 더 높은 특징이 있지요. 입이 작고, 모든 지느러미가 발달해 둥그스름한 이미지를 내보입니다. 또한 몸 색깔은 어두운 은색 바탕에 회갈색의 가로 줄무늬가 있지요. 하지만 치어 때는 전체적으로 흑갈색을 띠거나 검은 바탕에 주황색 줄무늬를 가진 개체가 많습니다.

제비활치는 대규모 집단생활보다 서너 마리씩 함께 다니는 경우가 흔합니다. 주요 먹이는 연체동물과 갑각류의 유충, 플랑크톤, 해조류 등 잡식성이지요.

73
귀신고기

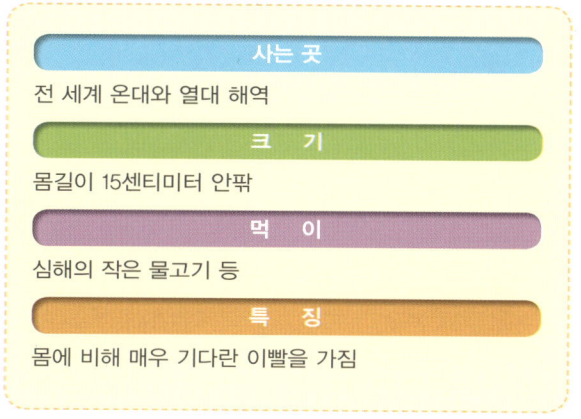

사는 곳
전 세계 온대와 열대 해역

크 기
몸길이 15센티미터 안팎

먹 이
심해의 작은 물고기 등

특 징
몸에 비해 매우 기다란 이빨을 가짐

척삭동물문, 조기어강에 속하는 바다 생물입니다. 전 세계 온대와 열대 해역에 분포하지요. 수심 2천 미터가 넘는 곳에서 생활하는 심해어입니다. 수심 4천 미터 가까이 되는 바다에서 발견되기도 하지요.

귀신고기는 15센티미터 안팎까지 자라나는데, 암컷이 수컷보다 더 큽니다. 몸에 비해 매우 기다란 이빨을 가진 물고기로, 입 안에 그 이빨이 들어갈 특별한 공간이 있어 입을 닫는 것이 가능하지요. 커다란 이빨은 심해에서 맞서는 상대에게 위압감을 주기에 충분합니다. 또한 귀신고기는 머리 부분이 아주 단단하고, 아가미에 작은 가시들이 보이지요. 하지만 여느 심해어들이 갖고 있는 발광기관은 존재하지 않습니다.

심해어는 대개 움직임이 적은데, 귀신고기는 근육이 퇴화하지 않아 제법 빠르게 물속을 헤엄쳐 다닙니다. 그와 같은 수영 솜씨와 긴 이빨로 작은 물고기들을 잡아먹고 살지요.

74 호그피시

사는 곳
대서양과 카리브해 등

크 기
몸길이 25~45센티미터

먹 이
연체동물, 게, 성게 등

특 징
환경에 따라 다양한 몸 색깔을 나타냄

척삭동물문, 조기어강에 속하는 바다 생물입니다. 대서양과 카리브해 등에 분포하지요. 주로 수심 100미터를 넘지 않는 열대 해역에 서식합니다. 산호초나 바위가 많은 곳을 생활공간으로 좋아하지요.

호그피시는 몸길이 25~45센티미터까지 자라납니다. 해조류 사이에 숨어 있는 갑각류 등을 찾는 데 유리하게 주둥이가 작고 날렵한 모습이지요. 주요 먹이는 연체동물을 비롯해 게와 성게 등입니다. 또한 수컷은 가슴지느러미 뒤에 위치한 검은 점으로 구별할 수 있습니다. 주둥이부터 첫 번째 등뼈까지 걸쳐 있는 깊고 어두운 띠도 암컷과 다른 점이지요.

그런데 호그피시는 무엇보다 뛰어난 위장술로 유명합니다. 수심에 따라 다양한 몸 색깔을 나타내지요. 얕은 곳에서는 파란색을, 깊은 곳으로 내려가면 빨간색을 띠는 식입니다. 주변 환경에 자신의 몸을 숨길 때도 카멜레온같이 몸 색깔을 바꿔 위장하지요.

75

큰살파

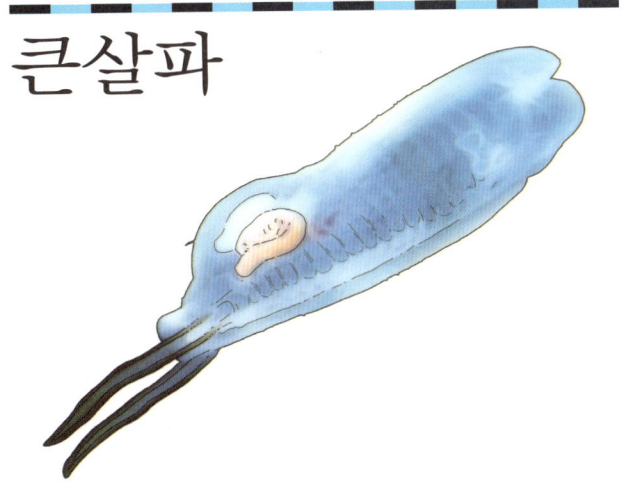

사는 곳
태평양, 대서양, 인도양의 열대와 온대 해역

크 기
몸길이 15센티미터 안팎

먹 이
식물성 플랑크톤

특 징
투명한 몸에 불그스름한 점무늬가 있음

　척삭동물문, 탈리아강에 속하는 바다 생물입니다. '탈리아강'은 몸이 투명하고 한천질로 되어 있으며, 입수공과 출수공을 가진 부유성 생물을 가리키지요. 큰살파는 태평양, 대서양, 인도양의 열대와 온대 해역에 분포합니다.

　한마디로 살파는 초대형 플랑크톤입니다. 그중에서도 큰살파는 몸길이가 15센티미터 넘게 자라나기도 하지요. 탈리아강에 속하는 바다 생물답게 투명한 몸에 불그스름한 점무늬가 있는 모습입니다. 또한 눈이 크고 여느 척삭동물처럼 심장과 아가미, 체강을 가졌지요. 몸이 투명해 신경절과 소화기관도 확인할 수 있습니다.

　큰살파의 주요 먹이는 식물성 플랑크톤입니다. 바닷속을 이동하면서 체강을 지나는 물을 아가미로 걸러내는 방식으로 먹이 활동을 하지요. 아울러 큰살파 자신은 다양한 물고기와 바다거북 등의 먹잇감이 되어 바다 생태계에 중요한 역할을 합니다.

76 삼천발이

사는 곳
한국, 일본, 중국, 필리핀, 싱가포르 해역 등
크 기
몸길이 10~14센티미터(몸 중심 부분)
먹 이
바닷속 유기물 등
특 징
3천 개 이상의 가지를 가짐

극피동물문, 거미불가사리강에 속하는 바다 생물입니다. 한국, 일본, 중국, 필리핀, 싱가포르 해역 등에 분포하지요. 수심이 깊고 바위와 산호초가 많은 곳에 서식합니다. 일종의 불가사리지만, 다른 불가사리 종류와는 모습이 크게 다르지요.

삼천발이는 몸 중심 부분의 지름이 10~14센티미터이며, 여러 개의 가지 길이는 각각 50~70센티미터에 달합니다. 불가사리나 성게와 같이 모양이 방사 대칭형이고, 5개의 다리에서 뻗어 나간 잘게 갈라진 3천 개 이상의 가지를 가졌지요. 그래서 삼천발이라는 이름이 붙은 것입니다. 각 가지는 이리저리 반복해 성장하는데, 작은 가시들이 깔려 있어 물속의 유기물 등을 잡아 먹잇감으로 이용하기 편리합니다.

삼천발이는 다른 이름으로 '혹가지거미불가사리'라고 합니다. 몸 색깔은 보통 갈색이나 황갈색을 띠지요. 여느 거미불가사리류가 그렇듯 야행성 생물입니다.

남극빙어

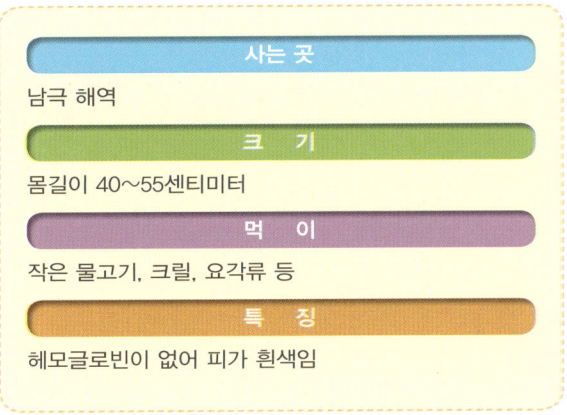

사는 곳
남극 해역

크 기
몸길이 40~55센티미터

먹 이
작은 물고기, 크릴, 요각류 등

특 징
헤모글로빈이 없어 피가 흰색임

　척삭동물문, 조기어강에 속하는 바다 생물입니다. 남극빙어는 이름에서 알 수 있듯, 주로 남극 해역에 분포합니다. 혹한의 남극 바다에서 살아남기 위해 활동성을 줄여 산소 소모량을 낮추는 방향으로 진화해 왔지요.

　남극빙어의 몸길이는 40~55센티미터 정도입니다. 겉모습의 특징으로는 악어처럼 뾰족 튀어나와 있는 주둥이를 이야기할 수 있습니다. 또한 해양 바닥에 둥지를 만들어 번식기에 알을 낳는 습성도 있지요.

　그런데 남극빙어의 가장 큰 특징이라면 척추동물 가운데 유일하게 피가 흰색이라는 점입니다. 그 이유는 혈액을 붉게 만드는 헤모글로빈이 없기 때문이지요. 아울러 치어 때부터 극저온의 바다를 견뎌낼 수 있는 유전자를 일반 어류보다 4배 이상 많이 갖고 있습니다. 주요 먹이는 작은 물고기를 비롯해 크릴과 요각류 등입니다.

살벤자리

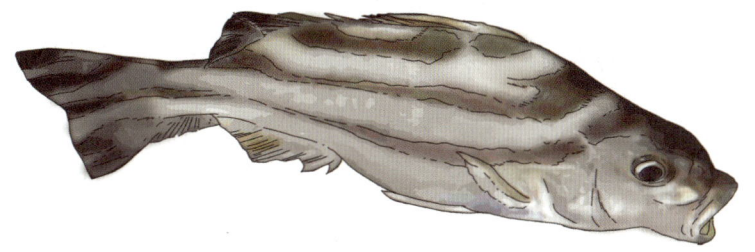

사는 곳
태평양과 인도양의 열대 해역

크 기
몸길이 25~35센티미터

먹 이
무척추동물, 플랑크톤, 해조류 등

특 징
부레로 소리를 냄

척삭동물문, 조기어강에 속하는 바다 생물입니다. 태평양과 인도양의 열대 해역에 분포하지요. 수심이 아주 깊지 않으면서, 바닥이 모래로 된 곳을 좋아합니다. 연근해성 어류로 강어귀에도 서식하지요.

살벤자리는 몸길이 25~35센티미터까지 자라납니다. 몸의 형태는 옆으로 납작하고 머리가 크지요. 몸의 위아래가 높으면서 꼬리자루가 굵기도 합니다. 또한 주둥이가 짧고, 위턱에만 송곳니가 나 있습니다. 몸 색깔은 등 쪽이 갈색을 띤 담청색, 배 쪽은 은색이지요. 거기에 몸 옆에는 2줄의 흑갈색 세로띠가 보입니다.

그 밖에 살벤자리는 부레로 소리를 내는 특징이 있습니다. 이따금 민물에도 나타나지만 산란은 바다에서만 하지요. 대개 한여름에 치어를 볼 수 있습니다. 주요 먹이는 여러 무척추동물을 비롯해 플랑크톤, 해조류 등이지요.

고양이줄고기

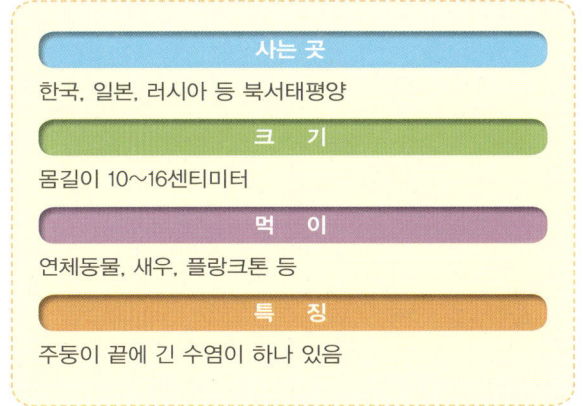

사는 곳
한국, 일본, 러시아 등 북서태평양

크 기
몸길이 10~16센티미터

먹 이
연체동물, 새우, 플랑크톤 등

특 징
주둥이 끝에 긴 수염이 하나 있음

척삭동물문, 조기어강에 속하는 바다 생물입니다. 한국, 일본, 러시아 등 북서태평양의 수온이 낮은 바다에 분포하지요. 주로 해양 바닥과 가까운 곳에 서식합니다. 겉모습의 특징으로는 주둥이 끝에 긴 수염이 하나 있는데, 수컷의 수염이 암컷보다 짧습니다. 몸집도 수컷이 암컷에 비해 작지요.

고양이줄고기의 몸길이는 10~16센티미터 정도입니다. 몸의 형태는 길고 납작하며, 머리가 작은 편이지요. 입도 작고요. 머리 뒤쪽의 등 부분이 움푹 파였고, 몸 옆면에는 날카로운 가시가 각각 2줄씩 있습니다. 눈과 코 쪽에도 가시가 있고요. 몸 색깔은 어두운 갈색이면서 옆구리 가운데에 검은 세로줄이 보이지요.

고양이줄고기는 지느러미를 새의 날개처럼 활짝 펼쳐 바닷속을 헤엄쳐 다닙니다. 모든 지느러미에는 검은색 무늬가 있지요. 주요 먹이는 연체동물, 새우, 플랑크톤 등입니다.

포대앨퉁이

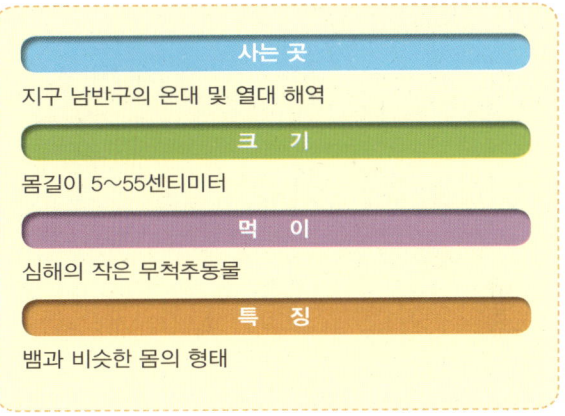

사는 곳
지구 남반구의 온대 및 열대 해역
크 기
몸길이 5~55센티미터
먹 이
심해의 작은 무척추동물
특 징
뱀과 비슷한 몸의 형태

척삭동물문, 조기어강에 속하는 바다 생물입니다. 지구 남반구의 온대 및 열대 해역에 분포하지요. 수심 약 2천 미터 안팎에 서식하는 심해어입니다. 다른 이름으로는 '블랙드래곤피시'라고 불리지요. 한자어로는 '흑룡어'라고 할 수 있습니다.

포대앨퉁이의 몸길이는 5~55센티미터 정도입니다. 수컷의 크기가 5센티미터 안팎에 불과한데 비해 암컷은 보통 40센티미터가 넘지요. 몸의 형태는 한마디로 뱀과 비슷합니다. 뱀처럼 턱을 크게 벌릴 수 있으며, 피부는 비늘 없이 매끈하지요. 암컷의 이빨은 기다랗고 단단한 송곳처럼 생겼지만 수컷은 자랄수록 턱과 이빨이 퇴화하지요.

또한 포대앨퉁이는 여느 심해어가 그렇듯 발광기관을 가졌습니다. 특이하게 턱에도 있고 몸에도 있어 먹이 활동과 천적을 피하는 데 도움이 되지요. 몸 색깔은 성장하면서 검은색을 띱니다. 주요 먹이는 심해의 작은 무척추동물입니다.

81

아기돼지오징어

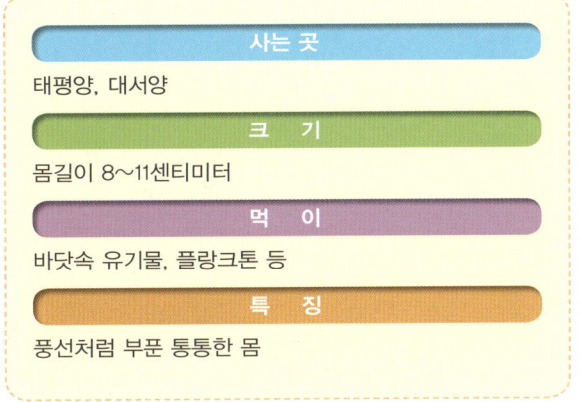

사는 곳
태평양, 대서양

크 기
몸길이 8~11센티미터

먹 이
바닷속 유기물, 플랑크톤 등

특 징
풍선처럼 부푼 통통한 몸

　연체동물문, 두족류강에 속하는 바다 생물입니다. 태평양과 대서양에 분포하지요. 적어도 수심 200미터가 넘는 깊은 바다에서 서식합니다. 일종의 심해 바다 생물이라고 할 수 있습니다. '피글렛오징어'라고도 하지요.

　아기돼지오징어의 몸길이는 8~11센티미터 정도입니다. 마치 풍선처럼 부푼 통통한 몸매와 주둥이같이 보이는 큰 흡입관을 가졌지요. 흡입관은 바닷물을 들이켜고 내뱉으면서 앞으로 이동하는 기능을 합니다. 또한 길게 뻗은 다발 모양 촉수를 비롯해 무엇에 노란 듯한 커다란 눈도 주목할 만한 특징이지요. 아기돼지오징어는 머리 위로 튀어나온 촉수 때문에 얼핏 사슴처럼 보이기도 합니다.

　아기돼지오징어의 통통한 몸 안에는 암모니아가 채워져 있습니다. 그것은 부력을 조절하는 역할을 하지요. 주요 먹이는 바닷속 유기물과 플랑크톤 등입니다.

82

블랙타이거

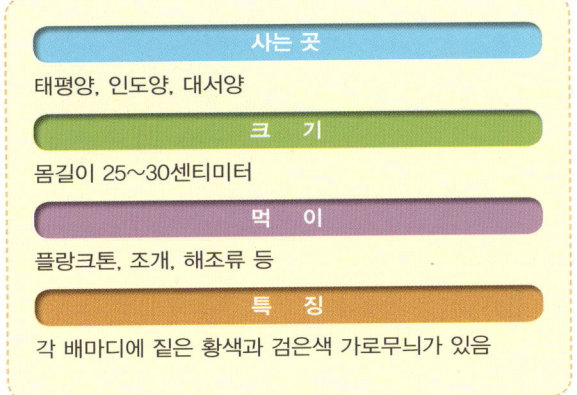

사는 곳
태평양, 인도양, 대서양

크 기
몸길이 25~30센티미터

먹 이
플랑크톤, 조개, 해조류 등

특 징
각 배마디에 짙은 황색과 검은색 가로무늬가 있음

절지동물문, 연갑각류강에 속하는 바다 생물입니다. 태평양과 인도양에 널리 분포하지요. 그보다는 개체 수가 적지만 대서양에서도 발견됩니다. 주로 바다 바닥이 모래나 진흙으로 이루어진 곳에 서식하지요. 요즘은 흰다리새우와 더불어 전 세계 사람들에게 식용 새우로 사랑받고 있습니다.

블랙타이거는 몸길이 25~30센티미터까지 자라납니다. 암컷이 수컷보다 크지요. 몸 색깔은 흑갈색이고 각 배마디에 짙은 황색과 검은색 가로무늬가 있습니다. 그런 특징 때문에 지금의 이름으로 불리게 되었지요. 또한 촉각은 회갈색이며, 가슴다리 끝이 붉은빛을 띱니다.

블랙타이거는 야행성인데, 그렇다고 낮에 몸을 숨기고 있지는 않습니다. 바다 바닥 한 구석에 가만히 머물다가 밤이 되면 먹이 활동에 나서지요. 잡식성 새우라서 플랑크톤, 조개, 해조류 등을 먹이로 삼습니다.

닭새우

사는 곳
태평양, 인도양의 열대 및 아열대 해역

크 기
몸길이 18~25센티미터

먹 이
연체동물, 다른 바다 생물의 사체

특 징
단단한 외골격에 많은 돌기와 거친 털이 나 있음

　절지동물문, 연갑각류강에 속하는 바다 생물입니다. 태평양과 인도양의 열대 및 아열대 해역에 널리 분포하지요. 이름과 달리 가재의 일종입니다. 집게다리가 가늘어 새우를 닮은 겉모습 때문에 지금의 이름으로 불리게 됐지요.

　닭새우의 몸길이는 18~25센티미터 정도입니다. 머리와 가슴의 형태는 원기둥에 가까우며, 배 부분이 납작한 모습입니다. 외골격이 단단하고, 이마뿔은 없지요. 많은 돌기가 솟은 갑각에는 거친 털도 나 있습니다. 눈 위에 1쌍의 가시와 발성기관도 갖고 있지요. 몸 색깔은 전체적으로 적갈색을 띱니다.

　닭새우는 야행성이라서 낮에는 바위틈이나 산호초 사이에 숨어 있다가 밤이 되면 활발히 먹이 활동을 합니다. 주로 연체동물을 사냥하거나 다른 바다 생물의 사체를 먹어치우지요. 몸이 크고 살이 많아 사람들에게 식용으로 환영받는 바다 생물입니다.

독도새우

사는 곳
한국 동해 및 러시아, 캐나다 해역

크 기
몸길이 5~19센티미터

먹 이
플랑크톤, 조개, 갯지렁이 등

특 징
도화새우, 물렁가시붉은새우, 가시배새우를 가리킴

　절지동물문, 갑각류강에 속하는 바다 생물입니다. 일반적으로 우리나라 독도 근해에서 잡히는 새우를 일컫지만, 구체적으로는 3종류의 새우를 통틀어 가리키는 말입니다. '도화새우', '물렁가시붉은새우', '가시배새우'가 그것이지요. 물론 3종류의 새우가 독도에만 서식하는 것은 아닙니다. 러시아와 캐나다 해역에서도 그 새우들을 볼 수 있지요.

　흔히 독도새우로 불리는 새우들 각각의 특징은 다음과 같습니다. 우선 도화새우는 몸길이 13~19센티미터 정도입니다. 몸 색깔은 주황색 바탕에 붉은색 가로무늬가 있지요. 새끼 때는 수컷이었다가 자라나면서 암컷으로 성전환을 하는 특징이 있습니다.

　물렁가시붉은새우는 몸길이 12~15센티미터 정도입니다. 몸 색깔은 전체적으로 붉은색을 띠면서, 몸통 옆에 불규칙한 흰 줄무늬가 보이지요. 마지막으로 가시배새우는 몸길이 6센티미터 안팎입니다. 몸 색깔은 녹갈색 바탕에 갈색이나 붉은색 가로무늬가 나 있지요.

85

황아귀

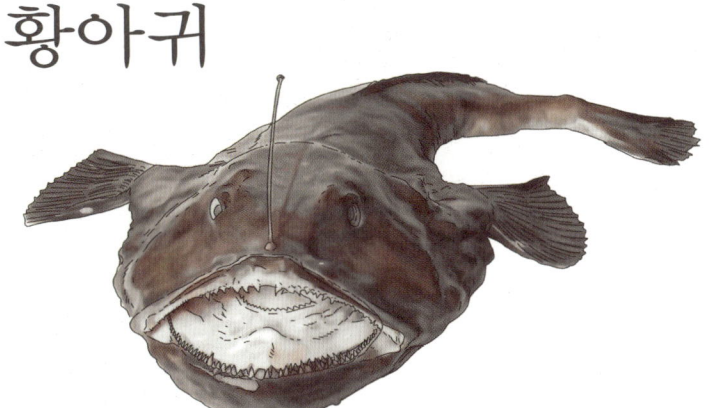

사는 곳
한국, 일본, 중국, 대만 해역

크 기
몸길이 35~50센티미터

먹 이
작은 물고기, 두족류 등

특 징
매우 커다란 입과 먹이를 유인하는 부속지

척삭동물문, 경골어강에 속하는 바다 생물입니다. 우리나라를 비롯해 일본, 중국, 대만 해역에 분포하지요. 수심이 깊지 않은 연근해에 주로 서식합니다. 흔히 황아귀와 아귀를 통틀어 그냥 아귀라고 일컫는 경우가 많지요. 다만 아귀는 황아귀와 달리 가슴지느러미에 보이는 가시 끝이 3갈래로 갈라진 차이점이 있습니다.

황아귀는 몸길이 35~50센티미터 정도입니다. 대개 암컷이 수컷보다 조금 크지요. 몸의 형태는 납작한 편이며, 머리와 입이 커다랗습니다. 넓은 몸에 비해 꼬리는 짧지요. 또한 몸에는 비늘이 없는 대신 수염 모양의 돌기들이 있습니다. 매우 큰 입 안에 보이는 2줄의 날카로운 이빨도 눈에 띄는 특징이지요. 위턱보다 아래턱이 앞으로 튀어나와 있고요.

황아귀는 머리 쪽에 있는 부속지로 먹이를 유인해 잡아먹습니다. 주요 먹이는 작은 물고기와 두족류 등이지요. 산란기는 2~6월이며, 얇은 띠 모양의 한천질에 싸인 알을 낳습니다.

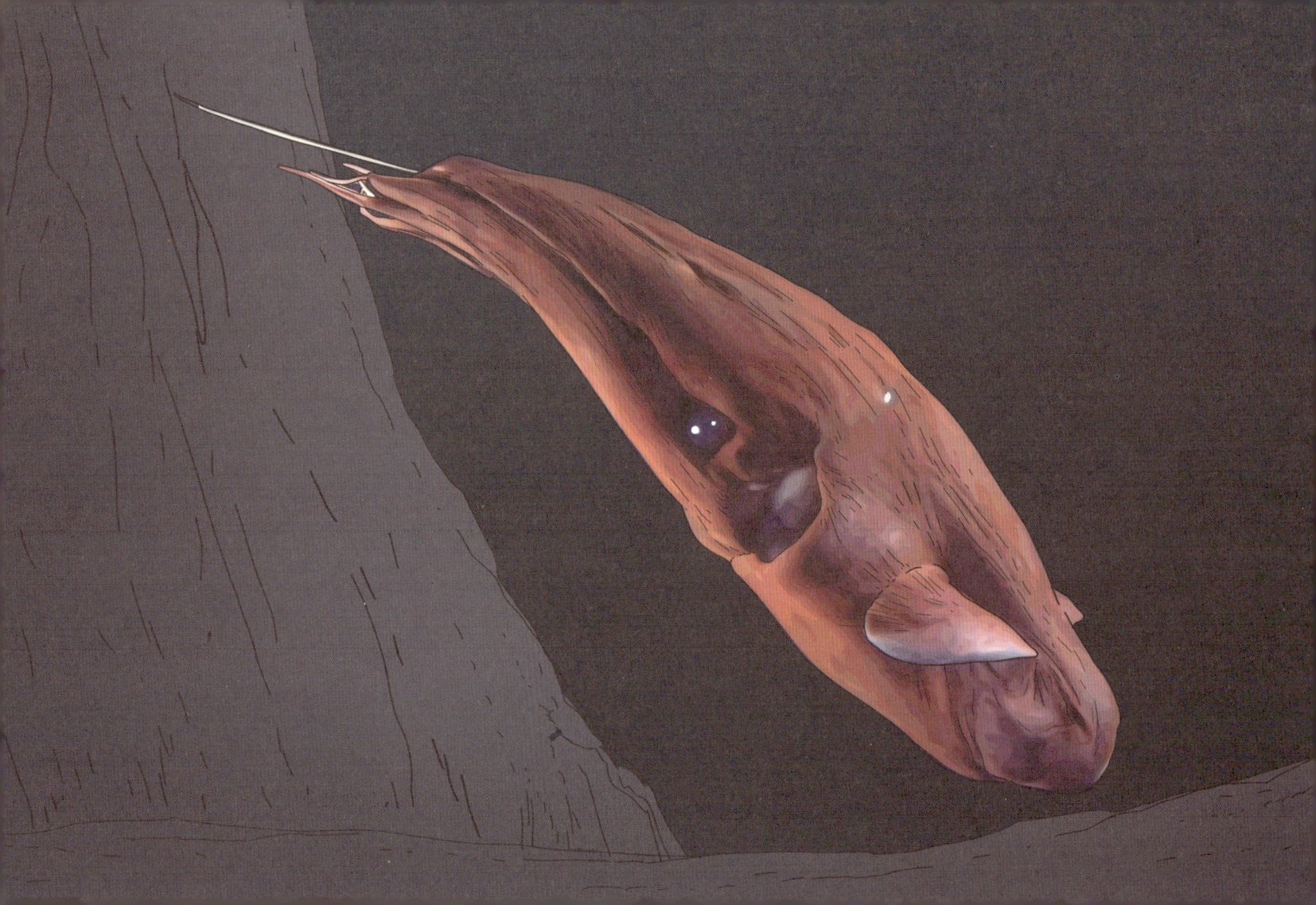

86 흡혈오징어

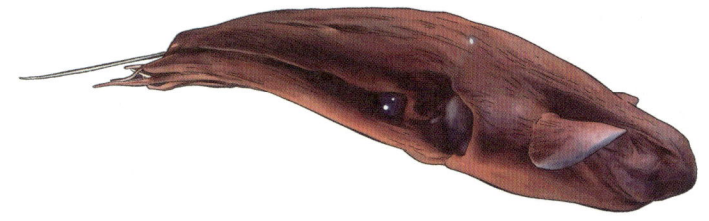

사는 곳
전 세계 열대 및 아열대 해역

크 기
몸길이 15~30센티미터

먹 이
물속 유기물, 바다 생물의 사체 등

특 징
망토를 두른 듯 얇은 막으로 연결된 8개의 다리

 연체동물문, 두족류강에 속하는 바다 생물입니다. 전 세계의 열대 및 아열대 해역에 분포하지요. 적어도 수심 600미터 이상 되는 심해에 서식합니다. 흡혈오징어는 공포 영화에 등장할 것 같은 무서운 이름을 가졌지만, 실은 흡혈과 아무런 상관이 없습니다. 다만 깊은 바다에 살면서 얼핏 박쥐처럼 보이는 기괴한 모습을 하고 있어 그런 이름이 붙었지요.

 흡혈오징어의 몸길이는 15~30센티미터 정도입니다. 몸 색깔은 환경에 따라 연한 붉은색에서 흑적색까지 다양한 빛깔을 나타내지요. 8개의 다리가 얇은 막 같은 것으로 서로 연결되어 있어 망토를 두른 것처럼 보이기도 합니다. 또한 커다란 눈이 푸른빛을 띠며, 천적을 만나면 다리와 몸을 동그랗게 말아 안팎을 뒤집는 기술을 선보이지요. 큰 머리에는 작은 귀처럼 생긴 지느러미가 달려 있습니다. 흡혈오징어는 오징어와 문어의 특징을 동시에 지닌 면이 있지요. 주요 먹이는 유기물과 바다 생물의 사체 등입니다.

조개낙지

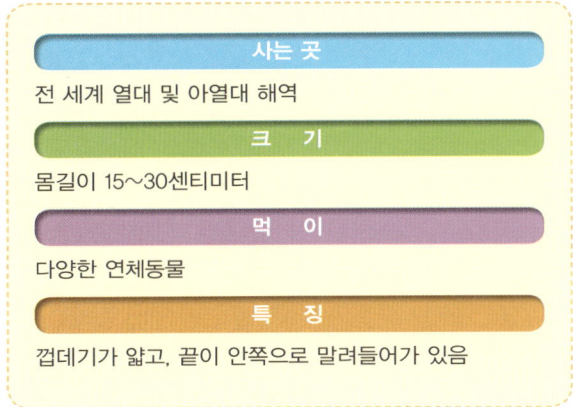

사는 곳
전 세계 열대 및 아열대 해역

크 기
몸길이 15~30센티미터

먹 이
다양한 연체동물

특 징
껍데기가 얇고, 끝이 안쪽으로 말려들어가 있음

연체동물문, 두족류강에 속하는 바다 생물입니다. 전 세계의 열대 및 아열대 해역에 분포하지요. 주로 바닷속에 서식하지만, 이따금 해안가로 밀려오는 경우가 있습니다. 집낙지과에 속하는 바다 생물 중 가장 큰 종이지요.

조개낙지의 몸길이는 15~30센티미터 정도입니다. 암컷의 몸이 수컷보다 2배에 이를 만큼 더 크지요. 일반적인 조개류와 달리 껍데기가 얇고, 끝이 안쪽으로 말려들어가 있는 형태입니다. 나선형으로 꼬인 껍데기의 안쪽은 좁고 평평한 모습이며, 겉에는 굵은 방사상 골이 있습니다. 껍데기의 입구는 좁고 가늘지요.

조개낙지의 주요 먹이는 각종 연체동물입니다. 번식기가 되면 암컷은 얇은 알집을 만들어 껍데기 속에 알을 낳지요. 수컷의 경우는 매우 작고 기다란 세 번째 다리를 생식에 이용하는 특징이 있습니다. 수컷이 암컷의 껍데기 안에 정자를 넣는 데 쓰이지요.

노래미

사는 곳
한국, 일본 해역

크 기
몸길이 30~40센티미터

먹 이
작은 물고기, 갯지렁이, 새우, 게 등

특 징
주둥이 끝이 뾰족하고, 몸에 작은 빗비늘이 덮여 있음

척삭동물문, 조기어강에 속하는 바다 생물입니다. 한국과 일본 해역에 분포하지요. 수심이 얕은 연안이면서 바위와 해조류가 많은 곳을 좋아합니다. 일생 동안 넓지 않은 서식 범위에서 살아가며, 무리지어 몰려다니는 습성도 없어 주로 단독 생활을 하지요. 다른 이름으로 '놀래기'라고도 합니다. 주요 먹이는 작은 물고기, 갯지렁이, 새우, 게 등이고요. 산란기는 10~1월입니다.

노래미의 몸길이는 30~40센티미터 정도입니다. 가늘고 긴 몸이 옆으로 납작한 형태이며, 주둥이 끝이 뾰족하지요. 눈 위에는 1쌍의 돌기가 보이고, 위아래 턱에는 작은 이빨이 가지런히 나 있습니다. 몸에는 조그마한 빗비늘이 덮여 있고요. 가슴지느러미와 꼬리지느러미의 가장자리가 둥근 것도 특징 중 하나지요. 노래미의 몸 색깔은 전체적으로 불그스름한 갈색 바탕에 어두운 갈색의 불규칙한 얼룩무늬가 흩어져 있습니다.

엘로우박스피쉬

사는 곳
태평양, 인도양, 홍해 등

크 기
몸길이 40~45센티미터

먹 이
해조류, 연체동물, 갑각류, 작은 물고기 등

특 징
네모난 모습에, 단단한 골판질로 덮여 있음

　척삭동물문, 조기어강에 속하는 바다 생물입니다. 태평양, 인도양, 홍해 등에 분포하지요. 우리나라의 경우 남해안과 제주 해역에서 찾아볼 수 있습니다. 바위나 산호초가 많은 환경을 좋아하며, 주로 단독 생활을 하지요.
　엘로우박스피쉬를 우리말로는 '노랑거북복' 또는 '황복어'라고 합니다. 몸길이 40~45센티미터까지 성장하지요. 몸의 모습이 전체적으로 네모난 형태이며, 지느러미와 꼬리자루를 제외한 표면이 단단한 골판질로 덮여 있습니다. 몸 색깔은 어릴 때 노란색 바탕에 검은 점무늬가 있다가, 자라나면서 흑갈색이나 녹갈색 바탕으로 변화합니다. 거기에 검은 테두리가 있는 흰 점이 나타나지요.
　엘로우박스피쉬의 주요 먹이는 해조류와 연체동물, 작은 갑각류 등입니다. 작은 물고기를 잡아먹기도 하고요. 몸에는 점액질 독이 있어 주의해야 합니다.

90
할리퀸쉬림프

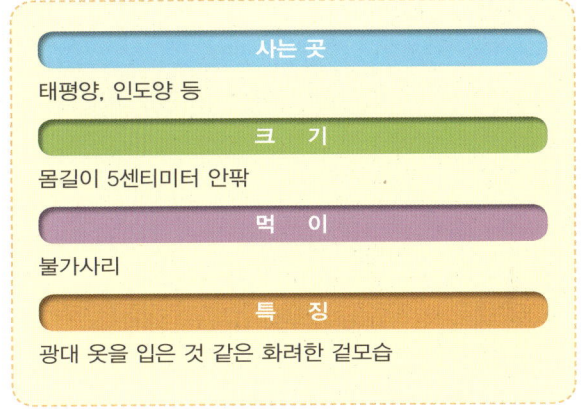

사는 곳
태평양, 인도양 등

크 기
몸길이 5센티미터 안팎

먹 이
불가사리

특 징
광대 옷을 입은 것 같은 화려한 겉모습

절지동물문, 연갑각류강에 속하는 바다 생물입니다. 태평양과 인도양에 분포하지요. 산호초가 많은 곳을 좋아하며, 평소 느린 속도로 바닷속을 헤엄치며 생활합니다. 우리말로는 '광대새우'라고 불리지요.

할리퀸쉬림프는 몸길이 5센티미터 안팎까지 성장합니다. 무엇보다, 마치 광대 옷을 입은 것 같은 화려한 겉모습이 눈에 띄지요. 새하얀 몸에 붉거나 푸른 얼룩무늬를 갖고 있습니다. 그런 특징은 산호초 사이에 몸을 숨겨 자신을 보호하는 데 큰 도움이 되지요. 또한 넓은 형태의 더듬이를 가졌으며, 집게발이 크지 않은 특징도 있습니다.

할리퀸쉬림프는 오직 불가사리만 잡아먹습니다. 야행성이라 낮에는 산호초 사이에 숨어 있다가 밤이 되면 먹이 활동을 시작하지요. 불가사리를 발견하면 곧장 등에 올라타 도망가지 못하게 한 뒤 은신처로 데려가 며칠에 걸쳐 살을 뜯어먹습니다.

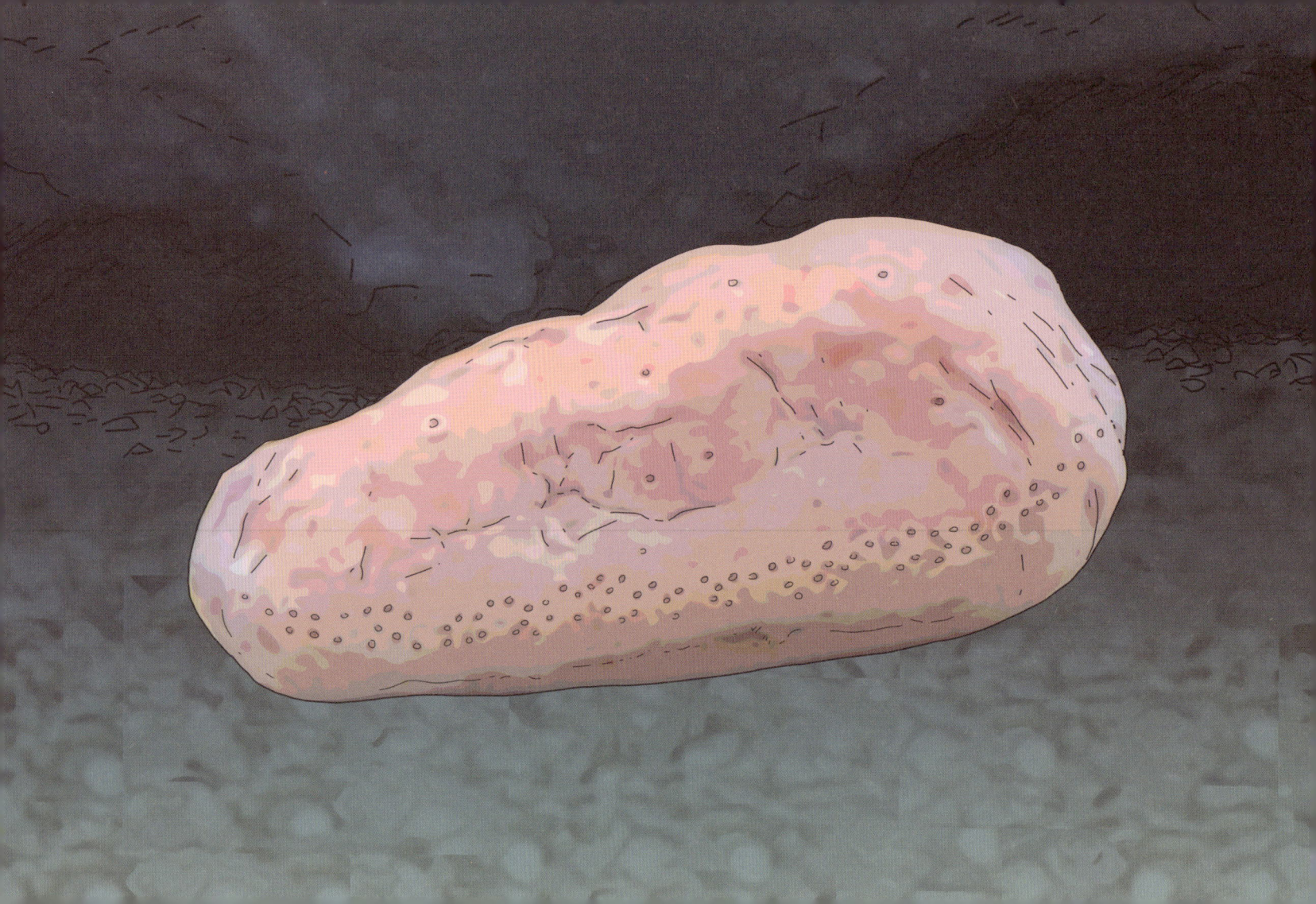

91
핑크해삼

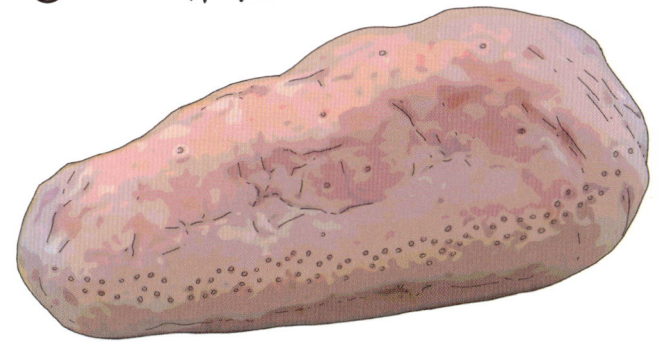

사는 곳
호주 해역 및 인도양
크기
몸길이 30센티미터 안팎
먹이
해양 유기물
특징
세로 줄로 늘어선 관발

 극피동물문, 해삼강에 속하는 바다 생물입니다. 해삼은 전 세계 바다에 약 1,500여 종이 분포하는데 그중 하나가 핑크해삼이지요. '분홍해삼', '호주해삼'이라고도 합니다. 주로 호주와 인도양의 열대 해역에 분포하지요. 산호초가 많은 환경을 좋아합니다.

 핑크해삼은 몸길이 30센티미터 안팎까지 자라납니다. 양 끝이 둥근 원통형 몸이 자유롭게 늘어났다 줄어들었다 하지요. 몸에 세로 줄로 늘어선 관발도 눈에 띄는 특징입니다. 여기서 관발은 극피동물이 몸을 이동하고 숨을 쉬도록 하는 신체기관을 일컫습니다. 몸 색깔은 환경에 따라 분홍빛이 도는 갈색을 포함해 다양한 색을 띠지요.

 또한 핑크해삼은 입 주위에도 관발이 있는데, 그것이 먹이 활동을 할 때는 촉수 역할을 합니다. 촉수로 해저에 깔린 모래 등을 빨아들인 뒤 거기에 섞인 유기물을 섭취하지요. 핑크해삼은 움직임이 매우 느리기 때문에 상대적으로 안전한 밤에 먹이 활동에 나섭니다.

92 프로그피쉬

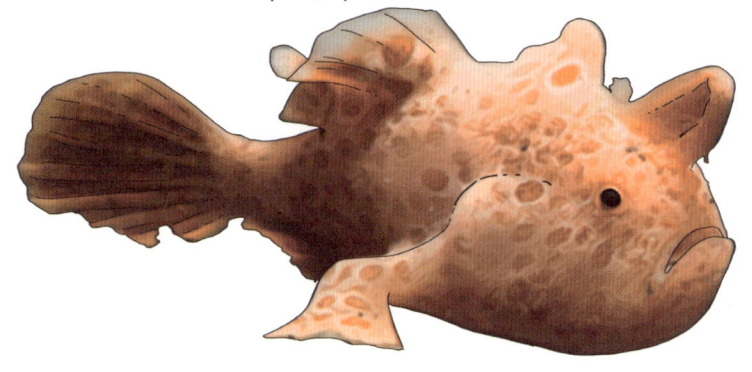

사는 곳
태평양, 인도양

크 기
몸길이 15센티미터 안팎

먹 이
작은 물고기, 갑각류 등

특 징
배지느러미로 해조류를 붙잡고 다님

척삭동물문, 조기어강에 속하는 바다 생물입니다. 태평양과 인도양에 분포하지요. 우리나라의 경우 제주도 연안의 따뜻한 바다에 서식합니다. 마치 개구리 앞다리 같은 지느러미를 갖고 있어 지금의 이름이 붙었지요. 우리말로는 '노랑씬벵이'라고 합니다.

프로그피쉬는 몸길이 15센티미터 안팎까지 성장합니다. 전체적임 몸의 형태는 공 모양이며, 등에 끝이 갈라져 있는 지느러미 줄기가 보이지요. 옆구리에는 비늘 대신 피질판이 있습니다. 또한 배지느러미로 해조류를 붙잡은 채 그 사이에 숨어 자신을 보호하는 특성을 가졌지요. 그런 생태 습성은 먹이 활동을 할 때도 도움이 됩니다. 프로그피쉬가 접근하는 것을 먹잇감이 쉽게 눈치 채지 못하기 때문이지요.

프로그피쉬의 주요 먹이는 작은 물고기와 갑각류 등입니다. 몸 색깔은 종종 변이를 보이지만, 보통은 노란색 바탕에 모양이 일정하지 않은 흑갈색 얼룩무늬가 나타나 있지요.

93

자주복

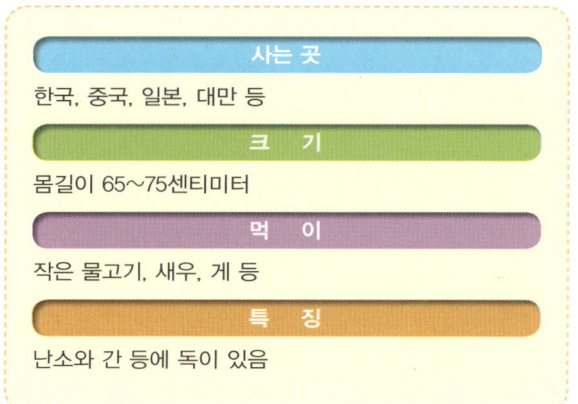

사는 곳
한국, 중국, 일본, 대만 등

크 기
몸길이 65~75센티미터

먹 이
작은 물고기, 새우, 게 등

특 징
난소와 간 등에 독이 있음

  척삭동물문, 경골어강에 속하는 바다 생물입니다. 복어 종류는 자주복을 비롯해 졸복, 까치복, 황복, 밀복, 거북복 등 그 종류가 꽤 많습니다. 대부분 껍질과 간, 알에 독이 있어 함부로 먹으면 목숨을 잃게 되지요. 그중 자주복은 한국, 중국, 일본, 대만 해역에 분포합니다. 육지와 가까운 얕은 바다에 서식하면서 계절에 따라 알맞은 수온을 찾아 이동하지요. 다른 이름으로 '참복'이라고도 합니다.

  자주복은 몸길이 65~75센티미터까지 성장합니다. 전형적인 복어의 몸을 가졌는데, 등과 배 부분에 잔가시가 많지요. 아울러 가슴지느러미 뒤쪽에 까맣고 둥근 점이 보이며, 등과 옆구리를 중심으로는 그보다 작은 검은 반점이 불규칙하게 발달했습니다. 몸 색깔은 등 부분이 푸른빛이 도는 흑갈색을 띠고, 배 쪽은 흰색에 가깝지요. 자주복의 주요 먹이는 작은 물고기를 비롯해 새우, 게 등입니다.

94 가든일

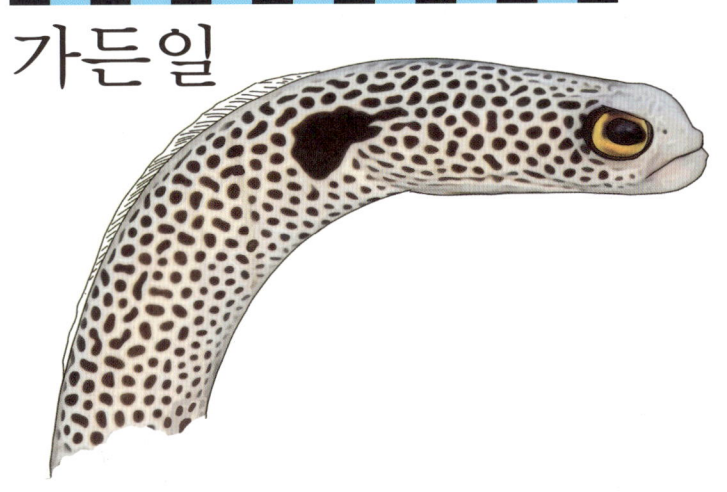

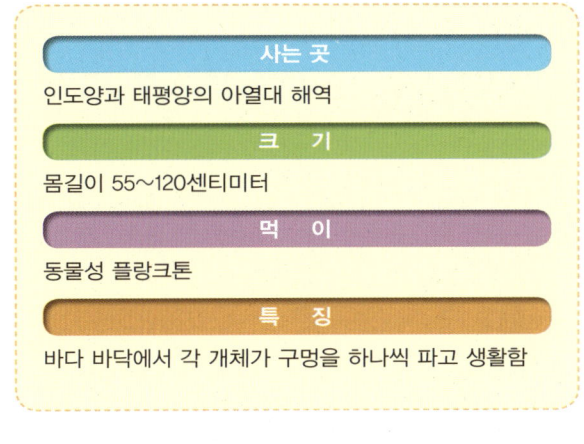

사는 곳
인도양과 태평양의 아열대 해역

크 기
몸길이 55~120센티미터

먹 이
동물성 플랑크톤

특 징
바다 바닥에서 각 개체가 구멍을 하나씩 파고 생활함

   척삭동물문, 조기어강에 속하는 바다 생물입니다. 인도양과 태평양의 아열대 해역에 분포하지요. 주로 수심 50미터 이내의 모래 바닥에 서식합니다. 가든일은 정원이란 뜻의 '가든(garden)'과 장어란 뜻의 '일(eel)'이 붙어 만들어진 이름이라서, 우리말로 번역하면 '정원장어'라고 할 수 있습니다.

   가든일은 바닷속 모래 바닥에서 각 개체가 구멍을 하나씩 파고 생활합니다. 그 모습이 꼭 정원에 있는 풀잎이 바람에 흔들리는 것처럼 보인다고 해서 지금의 이름으로 불리게 됐지요. 가든일은 종에 따라 크기가 많이 다릅니다. 몸길이 60센티미터에 못 미치는 것부터 120센티미터까지 자라는 것이 있지요. 몸 색깔도 주황색 몸에 흰 줄무늬가 있는 것, 온몸에 검은 점무늬가 있는 것 등 다양하고요. 가든일은 한 곳에 수십 마리에서 수천 마리까지 군집생활을 하는 특성이 있습니다. 먹이는 동물성 플랑크톤이지요.

농게

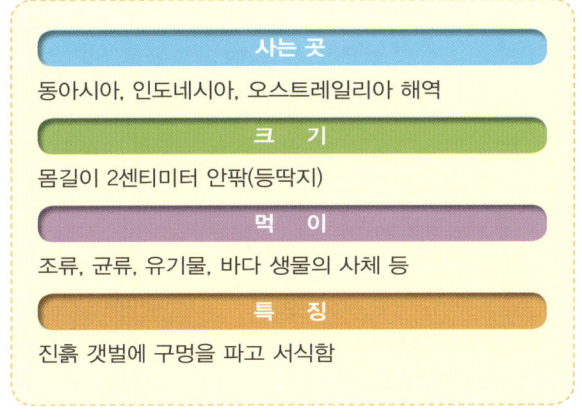

사는 곳
동아시아, 인도네시아, 오스트레일리아 해역

크 기
몸길이 2센티미터 안팎(등딱지)

먹 이
조류, 균류, 유기물, 바다 생물의 사체 등

특 징
진흙 갯벌에 구멍을 파고 서식함

절지동물문, 갑각류강에 속하는 바다 생물입니다. 동아시아를 비롯해 인도네시아, 오스트레일리아 해역에 분포하지요. 주로 조간대의 진흙 갯벌에 구멍을 파고 서식합니다. 구멍의 깊이는 대개 50센티미터가 훌쩍 넘지요.

농게의 몸길이는 갑각을 기준으로 했을 때 2센티미터 안팎입니다. 너비는 그보다 넓어 3센티미터 남짓 되지요. 갑각은 사다리꼴이고, 매끈하면서 푸른빛을 띱니다. 또한 넓은 눈구멍과 길고 가느다란 눈자루도 눈에 띄는 특징이지요. 집게다리의 경우 수컷은 한쪽이 매우 커서 길이가 5센티미터 이상 되지만, 암컷은 집게다리가 작으면서 양쪽의 크기가 같습니다. 수컷의 커다란 한쪽 집게다리는 붉은색을 나타내지요.

농게는 간조 때 구멍 밖으로 나와 먹이 활동을 합니다. 집게다리로 갯벌의 퇴적물을 집은 뒤 입으로 조류, 균류, 유기물 등을 걸러 섭취하지요. 바다 생물의 사체를 먹기도 하고요.

밴디드파이프피쉬

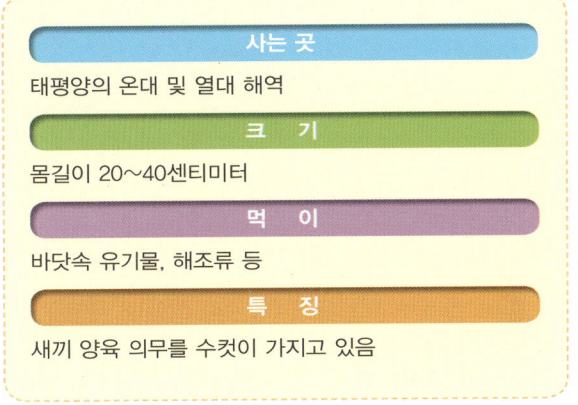

사는 곳
태평양의 온대 및 열대 해역

크 기
몸길이 20~40센티미터

먹 이
바닷속 유기물, 해조류 등

특 징
새끼 양육 의무를 수컷이 가지고 있음

척삭동물문, 경골어강에 속하는 바다 생물입니다. 태평양의 온대 및 열대 해역에 분포하지요. 육지에서 멀지 않은 바다의 해조류 사이에 주로 서식합니다. 산호초나 바위틈에 보금자리를 만드는 것을 좋아하지요. '실고기'라고도 합니다.

밴디드파이프피쉬의 몸길이는 20~40센티미터 정도입니다. 머리와 몸이 원통형으로 가늘고 길지요. 주둥이 역시 길고 끝이 둥근 모양인 것도 눈에 띄는 특징입니다. 위아래 턱이 모두 작고 이빨은 없지요. 몸 가운데 등지느러미가 있지만 뒷지느러미와 배지느러미는 보이지 않습니다. 꼬리지느러미와 가슴지느러미도 겨우 흔적을 확인할 수 있을 뿐이고요.

밴디드파이프피쉬의 몸통에는 흔히 줄무늬가 있습니다. 몸 색깔은 대체로 은색이나 갈색을 띠지요. 밴디드파이프피쉬는 수컷이 새끼 양육을 담당합니다. 암컷이 수컷의 육아낭 속에 산란하면, 수컷이 배 밑에 알들을 붙여 부화시킨 뒤 한동안 보호하지요.

97

쏙

사는 곳
한국, 일본 해역 등
크 기
몸길이 10~16센티미터
먹 이
바닷속 미생물과 유기물
특 징
Y자 모양의 굴을 파고 생활함

　절지동물문, 갑각류강에 속하는 바다 생물입니다. 주로 한국과 일본 해역에 분포하지요. 일반적으로 진흙과 모래가 섞인 조간대를 서식지로 삼습니다. 그곳에서 굴을 파고 살아가는데, 먹이 활동을 하기 위해 재빨리 밖으로 나오는 모습에 빗대어 지금의 이름이 붙었지요. 쏙의 굴은 Y자 모양이며, 깊이가 최고 2미터 이상 되는 것도 있습니다.

　쏙은 몸길이 10~16센티미터 정도입니다. 너비는 1센티미터가 채 되지 않지요. 얼핏 갯가재와 비슷해 보이는데, 갑각은 석회도가 낮아 여느 갑각류와 달리 물렁물렁합니다. 갑각 윗면에는 연한 털이 촘촘히 나 있고요. 또한 발달이 미숙한 좌우 집게다리는 크기가 같습니다. 몸 색깔은 갈색이나 녹갈색 바탕에 옅은 반점이 흩어져 있지요.

　쏙은 배다리로 바닷물을 헤집으며 미생물과 유기물을 입 주변의 털다발로 걸러 먹습니다. 앞서 설명한 Y자 모양 굴에 숨어 있다가 밀물이 들어오면 나와서 먹이를 찾지요.

마블캣샤크

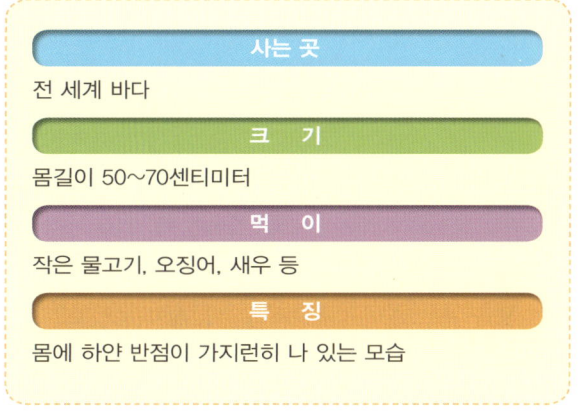

사는 곳
전 세계 바다

크 기
몸길이 50~70센티미터

먹 이
작은 물고기, 오징어, 새우 등

특 징
몸에 하얀 반점이 가지런히 나 있는 모습

척삭동물문, 연골어강에 속하는 바다 생물입니다. 연골어류는 경골어류와 달리 뼈가 모두 연골, 즉 무른 뼈로 이루어져 있지요. 상어는 전 세계 바다에 440여 종이 서식합니다. 그중 마블캣샤크는 몸집이 작은 미니 상어라서 관상어로 키우기도 하지요.

마블캣샤크는 몸길이 50~70센티미터까지 자라납니다. 몸은 머리, 몸통, 꼬리, 지느러미로 구분할 수 있지요. 꼬리 부분에 비해 머리 쪽이 두툼한 형태입니다. 또한 등지느러미와 가슴지느러미가 발달한데다 날렵한 모양의 꼬리지느러미를 가져 헤엄을 치는 실력이 뛰어나지요. 몸 색깔은 전체적으로 흑갈색을 띠면서 하얀 반점이 가지런히 나 있는 모습입니다. 반점은 머리와 지느러미에서도 볼 수 있습니다.

마블캣샤크는 눈이 퇴화되어 냄새로 먹이를 찾습니다. 주요 먹이는 작은 물고기를 비롯해 오징어, 새우 등이지요.

그린크로미스

사는 곳
태평양, 인도양 등

크 기
몸길이 7~10센티미터

먹 이
해조류, 작은 갑각류 등

특 징
초록빛, 푸른빛 같은 아름다운 몸 색깔을 보임

척삭동물문, 조기어강에 속하는 바다 생물입니다. 자리돔의 일종으로, 주로 태평양과 인도양에 분포하지요. 육지에서 멀지 않으면서 해조류와 산호초가 많은 곳에 서식합니다. 바닷물이 따뜻하면서 수심 30미터 이내인 곳을 좋아하지요.

그린크로미스의 몸길이는 7~10센티미터 정도입니다. 이름에서 짐작할 수 있듯, 몸이 형광 물질 같은 초록색을 띠지요. 그런데 빛과 바라보는 각도에 따라 푸른색이 강해지는 등 다채로운 색깔로 변화합니다. 몸에 비해 크고 동그란 눈과, 위아래 턱에 가지런히 나 있는 작은 이빨도 앙증맞은 모습이지요.

그린크로미스는 단독생활보다 군집생활을 즐깁니다. 먹이 활동은 입 안의 작은 이빨을 이용해 해조류를 뜯어먹거나 작은 갑각류 등을 잡아먹지요. 겉모습이 아름다운 데다 여느 어류에 비해 공격성이 강하지 않아 관상어로 인기를 끌고 있습니다.

100
어친클링피쉬

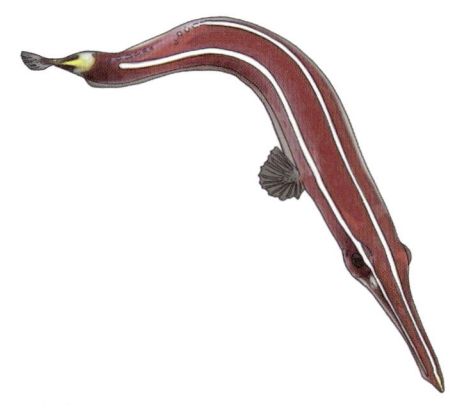

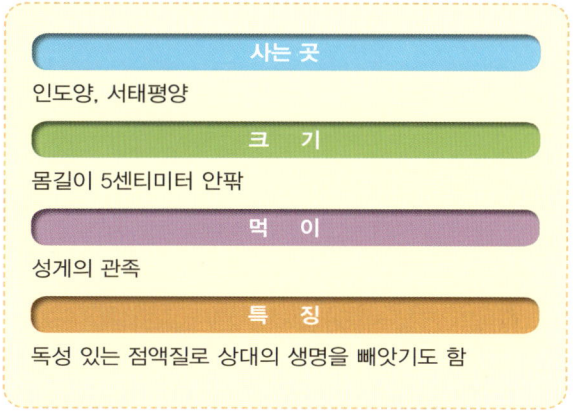

사는 곳
인도양, 서태평양

크 기
몸길이 5센티미터 안팎

먹 이
성게의 관족

특 징
독성 있는 점액질로 상대의 생명을 빼앗기도 함

척삭동물문, 조기어강에 속하는 바다 생물입니다. 오스트레일리아 인근 해역 등 인도양과 서태평양에 분포하지요. 이름의 '어친(urchin)'은 성게를 의미합니다. 그러므로 이 물고기의 생태가 성게와 밀접한 관련이 있다는 것을 짐작할 수 있지요.

어친클링피쉬의 몸길이는 5센티미터 안팎까지 성장합니다. 주둥이가 뾰족한 모습 등 생물 분류상 일종의 학치과지만, 얼핏 겉모습이 거머리를 닮았지요. 몸 색깔은 전체적으로 흑갈색을 띠면서 몸에 3개의 줄무늬가 있습니다. 흔히 주둥이로 암수 구별을 하는데, 수컷보다 암컷의 주둥이가 더 길지요.

또한 어친클링피쉬는 몸에 점액질이 있어 천적으로부터 자신을 보호합니다. 점액질의 독성이 상대의 생명을 빼앗기도 하거든요. 아울러 주요 먹이는 성게의 관족입니다. 관족은 성게 같은 극피동물의 신체기관으로, 대롱처럼 생긴 발을 놀려 이동하거나 숨을 쉬지요.